科学图书馆

海洋生命

LIFE IN THE SEA

和谐的人与海洋
People and the Sea

[美] 帕姆·沃克 伊莱恩·伍德 著 王子夏 顾燃 译

上海科学技术文献出版社

图书在版编目（CIP）数据

和谐的人与海洋/(美)帕姆·沃克等著；王子夏,顾燃译.--上海:上海科学技术文献出版社，2011.1
(海洋生命)
ISBN 978-7-5439-4639-2

I.①和… Ⅱ ①帕… ②王… ③顾… Ⅲ.①人类-关系-海洋-青少年读物 Ⅳ.①P7-49

中国版本图书馆CIP数据核字(2010)第258896号

Life in the Sea:People and the Sea

图字:09-2006-315

责任编辑：陶 然
美术编辑：徐 利

海洋生命
和谐的人与海洋
[美]帕姆·沃克 伊莱恩·伍德 著
王子夏 顾 燃 译
*
上海科学技术文献出版社出版发行
(上海市长乐路746号 邮政编码200040)
全 国 新 华 书 店 经 销
江 苏 常 熟 市 人 民 印 刷 厂 印 刷
*
开本787X960 1/16 插页4 印张7.25 字数102 000
2011年1月第1版 2011年1月第1次印刷
ISBN 978-7-5439-4639-2
定价：16.80元
http://www.sstlp.com

内容简介

《和谐的人与海洋》是一本讲述人类行为对海洋中数以万计的居民的生活环境造成的冲击与影响的图书。书中研究了人类与海洋过去和现在的联系，主要阐述了人类对海洋生命及其栖息地造成的负面影响。其中包括大气和海洋的污染以及商业性捕鱼等，导致濒临灭绝的海洋生物种类不断增加，使得巨大的海洋资源被人为的破坏。书中呼吁人与海洋应该健康和谐地共处，保护这个看似强大实则脆弱的海洋生命。

前　言

约35亿年前，地球上第一抹生命的火花点燃于海洋之中。时至今日，海洋这一广阔无垠的水域依然是地球上最复杂多样的生物系统。大洋的无垠及其蕴涵的财富令人叹为观止，占地球表面积近2/3的巨大水域承载着太阳系中最为丰富多彩的生命群落。水下世界的浩瀚，令人心驰神往；海纳百川的博大，任想象力自由飞翔。

人们热爱海洋的广阔与其彰显出的力量感，美国近一半的人口居住在沿海地带。如今，将海边作为度假首选，或梦想定居于沿海的热潮已成为一种趋势。在对海洋的研究活动中，有人钟情于对海洋整体环境的了解，有些人则喜欢对隐藏于大洋之中的特定物种进行研究，这两种派别的发展，带动了许许多多热爱海洋水生物、潜水，甚至深海捕捞的人们去接近海洋、了解海洋。在美国的中小学以及大学里，海洋学作为一门基础学科，成为学生们需要学习的课程；各科研机构更是将对海洋的研究不断深化、发展，令海洋科学更加系统化、专业化，使其步入神圣的科学殿堂。

唤醒人类对海洋及海洋生命本能的热爱，是本书的宗旨。作为“海洋生命”系列丛书的一个分支，本书将带领读者走进神秘莫测的海底世界，去窥探汹涌波涛下的生命奇观。同时，也将逐步揭开当今时代人类与海洋的关系。

在人类活动对海洋的影响的问题上，本书做了深入的探讨。纵观整个历史，人类对自然的影响力从未像现今这样至关重要。曾经，我们认为海洋是一种无限的、可再生的资源，因而对其进行任意的掠夺。然而，严酷的后果使我们意识到海洋系统的脆弱，由于我们先前的麻痹大意，海洋资源面临着被过度开采的危险。随着对海洋的认识和理解的深入，人们清醒地意识到保护海洋资源的重要性。现今，越来越多的人致力于改善陆地生命与海洋生命的相互关系，让我们的生存环境变得更加美好和谐。

鸣 谢

此次学习和探究海洋生命的写作机会，使我们回忆起了童年时光与大海结缘的种种逸事。与其他家庭一样，我们每年夏天都会去海滩露营。在那里，我们尝到了人生第一口海水的苦涩，经历了第一次拨弄海胆的新奇。由于童年对海洋的热爱，我们都立志成为一名海洋生物学家，梦想着令人激动的航海生涯。为受伤的海豹治疗、探索神秘的海底峡谷、寻找尚未被发现的物种……种种憧憬常常让我们兴奋得彻夜难眠。但随着年龄的增长，繁重的教学工作使我们没办法分出足够的时间去大洋中漂泊。不过，时间与距离的限制从未磨灭我们对大海的热情与崇敬。

我们惊喜于得到一个如此珍贵的机遇，使我们能以自己长期对海洋的研究结果以及无比的热情为平台去撰写这样一本关于海洋生命的书籍。在这里，我们要郑重地感谢FACTS ON FILE出版公司的主编 Frank.K.Darmstadt 先生。感谢他在撰写本书过程中对我们耐心的指导。Frank 先生对本书的语言风格及陈述重点提出了许多宝贵意见。同时，我们还要感谢 Katy Barnhart 女士对本书排版工作所做出的专业指导。

另外，我们要特别感谢所有参与本书编撰工作的朋友，他们的专业意见使本书的出版成为可能。在出版过程中，Audrey McGhee夜以继日地为本书做了校对工作。Dian Kit Moser, Ray Spangenburg和Bobbi McCutcheon 等富有经验的作家为本书的图片提供了宝贵的意见。在此，我们再次感谢这些友人的慷慨相助。

简介

海洋从来都是地球上最大、最深和最神秘的财富地区。自人类诞生起，我们就依托海洋为生。《和谐的人与海洋》就是海洋生命系列丛书中的一本，书中研究了人类与海洋过去和现在的联系，主要阐述了人类对海洋生命及其栖息地造成的负面影响。

第一章着眼于氮和其他营养物质排放到海洋中引发的一些问题。通常，氮化合物蕴含在土壤中，但是许多营养物质又以种种方式进入海洋中，海洋中氮的主要来源就是人类用于农业耕种的化肥。这些化合物随着雨水流入河流中，并最终归入大海。燃烧矿物燃料时产生的氮，也可以通过大气运动进入海洋。此外，世界上所有下水道中的废弃物品都被投入到海洋中。由氮污染导致的后果是复杂的，并因此引起灾难。每年夏天墨西哥湾死亡地域的形成就是一例。

第二章研究的是石油、重金属、杀虫剂和放射性材料等污染物的产生以及它们所导致的后果。石油泄漏事件造成大量的石油渗入海中，如超大型油轮的失事、海底油井的喷发以及船只正常工作，都会在不经意间将石油渗入海洋。石油泄漏后产生的变化则取决于石油的种类、事发地和泄漏的数量，但是任何一种石油的泄漏都会对所有的海洋生物产生负面影响，其中大多数还会在严重的石油污染中死亡。鸟类及哺乳类动物体表的防水层遭到石油的破坏而造成体温降低。所有受到石油污染的动物都会为其所害。

作为工业副产品的重金属，在进入海水中后不能分解成为沉积岩的一部分。杀虫剂则因其化学成分和浓度对生物造成不同程度的伤害。DDT，一种在20世纪50年代生产的杀虫剂，因其不易分解，至今仍然残留在海洋环境中。而海洋中的放射性物质则主要来自核电站和核武器工厂。

海洋一直都盛产食物，所以第三章所讨论的话题就是捕鱼业和海上养殖业。因为海产品含有丰富的蛋白质，又对健康有许多益处，所以在20世纪，海产品的产量增长迅速。为了满足消费者的需求，渔民们不断改善捕鱼技术，由此导致的过度捕捞使许多物种濒临灭绝。在其他许多方面，鱼类数量的骤减也迫使政府不得不出面保护。大马哈鱼、凤尾鱼、红拟石首鱼等供人垂钓的鱼类就是其中几种数量极少的物种。鱼类中的最高级消费者，如鲨鱼和箭鱼，因其繁殖速度很低，所以人类频繁的捕鱼对其数量上的减少无疑是雪上加霜。

第四章讲述的是人为因素导致的海洋和气候的改变，以及海洋在发生变化之后，反过来对大气产生的影响。海洋和大气通过海平面彼此相依，并透过海平面进行气体和热量的转换。海洋环境的变化与大气气候的变换相辅相成。如今，人类的生产活动，尤其是矿物燃料的燃烧成为海洋和大气间大多数变化的内动力。全球升温现象、臭氧层的破坏，还有日益升高的海水温度，都对自然天气系统构成巨大威胁。厄尔尼诺现象是一种发生在太平洋季节性的干扰气候。气象自20世纪开始转变以来，使得厄尔尼诺现象愈演愈烈。由它造成的影响冲击着海洋生态系统的稳定。

第五章研究了濒临灭绝的海洋生命，集中讲述了海洋中生物多样性的缺失。一个生态系统的健康程度取决于该区域内生物的多样性。因灭绝导致多样性的缺失是由包括人类进行开采等多种原因造成的。

过去大肆的捕鱼和狩猎活动，严重地减少了海洋环境中鸟类、鱼类、爬行类和哺乳类动物的数量。而这些物种同样受到污染物、全球气候的转变和栖息地丧失所带来的威胁。《濒临灭绝物种保护法》在美国是保护濒危物种最为有力的立法。一旦濒危物种被发现，它们将受到保护并得以恢复。

海洋中蕴含着丰富的生物资源和非生物资源。第六章讲述的一些非生物资源包括矿物、水、能源、化学品。淡水通过蒸馏法和反渗透法进行脱盐过程，从海水中分离出来，这在那些淡水供给匮乏的地区显得尤为重要。海洋沉积物中丰富的矿物含量和海洋备用能源，对于面临陆地矿物产量不断下降的矿工们来说，非常具有吸引力。在矿物燃料储备不断减少的今天，海洋风能、海浪能、潮汐能和热能都在一些沿海的国家中得以应用。至于海洋中一些独特环境，如珊瑚礁和深海热泉喷口附近生活的生物体内的化学品，被证明是治愈包括癌症在内的多种疾病的重要资源。

第七章阐述了海洋科学家对不久的将来所进行的展望。因为海洋是一个与陆地完全不同的生态系统，因此海洋中蕴含着许多其特有的化学品、矿物和生物体等资源。研究者们希望通过这些未知的资源，来获得治愈如艾滋病感染和疟疾等疾病的方法。一些最新的发现，使科学家们更好地了解了纤维光学和众多的透镜系统，并使得这些研究转为应用技术。

海洋是人类有待探索的巨大宝藏。在过去，许多海洋资源管理的错误已然铸成。但今天，海洋科学家们从过去的错误中汲取教训，为保护海洋生态而努力着。每个人都可以为修复过去的破坏结果而努力，而更重要的是，我们都在为保护未来的海洋而奋斗。因此，为了使人与海洋之间得以健康和谐的共处，今天的每一个决策和行为都要经过我们的深思熟虑，务必使其明智而正确。

目录

一 海洋的营养环境

在地球所有的自然资源中，水对于生命来说是不可或缺的。在地球上，有限的水补给通过自然环境的循环得以持久(详情如图1.1所示)。引发这种循环的动力同地球本身一样古老。随着水体的运动，它和人类在几个层面相互影响。人们治理水的方案也随着人口的增加而改变。但通常来说，人类的生产活动影响了水循环,也影响了生态系统的自然平衡。

当人类的人口数量还为数不多时，他们同其他动物的行为活动一样，并未对自然界中的水循环产生影响。对于早期的狩猎者和收集者们来说，废物处理并不是什么难题。因为他们以游牧方式生活，所以在他们迁移到一个新的狩猎场所时，他们会把多余的物资丢掉。随着人口的增多和城市化的发展，人们逐渐停止游牧，开始择地而居。因而，在保持水的清洁和对废物的处理问题上，需要人们更多的关注。

随着人类不断发展，不同的文明产生了不同的污水处理技术，其中大部分比较简易。最早期的排水沟是在街道边建造的简单的水沟，在那里居民可以使用马桶来方便，排水沟里的污水会直接导流到最近的水域，不论是小溪、河流、三角湾还是海洋。而这种方法在当时能够被接受，是因为当时人们认为水流能够自然净化其本身。不过这种理论只适用于污水量很小的时候。

到20世纪早期，人类制造的污水数量如此之多，已远远超出了自然系统分解各种各样废物的能力。

结果陆地上的污水越集越多，从而引发疾病横行，并且破坏了净水的供应，甚至导致一些当地的居民死亡。在原有的垃圾类型基础上，早期工业生产的化学过程中产生了新的污染物。到了20世纪中期，包括美国在内的大多数国家对水污染的治理，已经迫在眉睫。

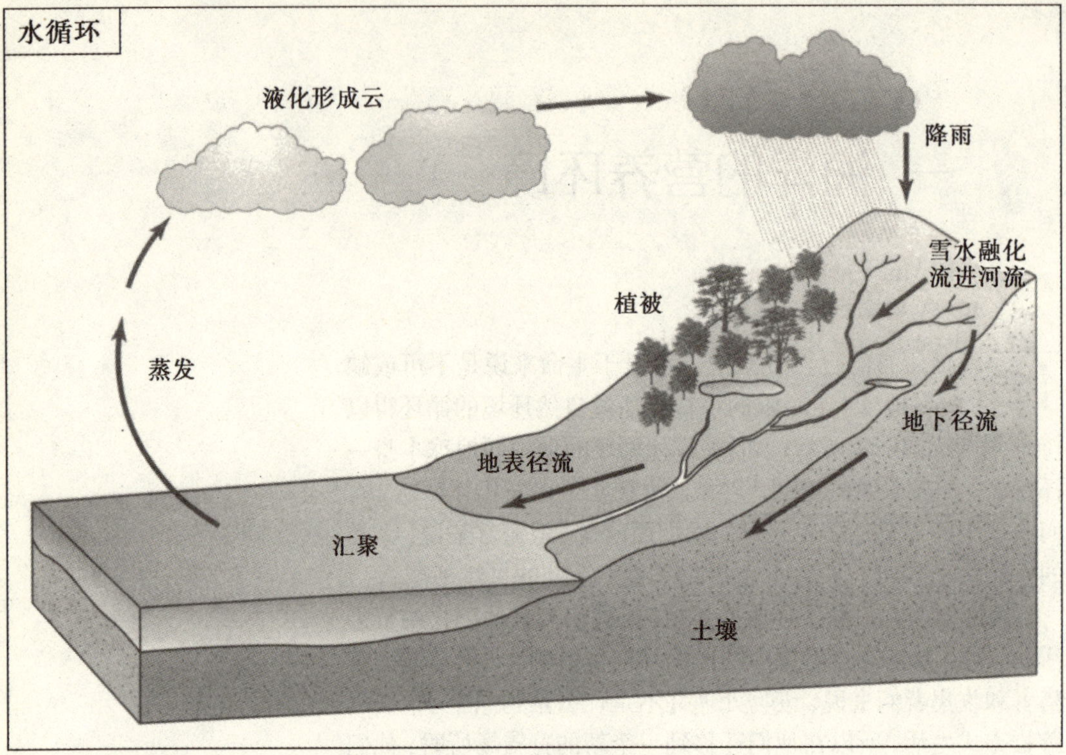

图 1.1 在循环中，水体从地球的一个地方流到另一个地方。海洋和陆地上的水经蒸发后，在空气中液化成为能够制雨的云层。大量的雨水降落到地面，再以地表或地下径流的方式流进海洋中。

保护海洋环境的法律

从那时候起，形势开始好转。美国在清理排水道方面迈出的第一大步就是出台了《联邦水污染控制法》和《水清洁法》。自1948年颁布后，该法案又于1972年得到了全面的修正。在《水清洁法》最初实施的几年中，人们致力于资源污染以及由管道和其他分散地点排放的废料的管理。

此项法案赋予环境保护署制定对废水处理方案和执行标准的权利，同时也对排水沟改建计划进行投资。1987年，此法案再次被修订，成为处理来自各区域，如农场、城市街道和森林产生的废料等不定点污染源的法律依据。

《水清洁法》要求沿海岸各州郡监测周边海域的海水质量，以避免海水污染现象的恶化。这项法案同样委托环境保护署对此进行研究，并希望通过这项研究来帮助测定排放的污染物对海洋生命和海岸生态系统的影响，并以此制定未来排放量的标准。此外，《水清洁法》还调查了种种与之相关的因素，比如海洋中暴风雨发生的频率和海洋中石油的数量。

在《水清洁法》赋予环境保护署的权力中，最重要的一项是可以为河口和沿海水域制定流域管理计划。水域是指陆地区域的一片水域，通常指的是河流。各种各样的流域大小不一，而且纷繁复杂，小到仅仅流经几亩地的小溪，大到密西西比河水系，都属于流域范畴。而水路的交通网更是将40个州的水引入墨西哥湾。

《水清洁法》也管理着海洋疏浚和挖泥设备的销售。疏浚，就是以机械开掘海底的泥土。之所以进行管理是因为以下几方面原因。通常，沉淀物堵塞了海港和运河，使这些航道变浅，缩短了与轮船的距离。通过挖掘，轮船通道得以恢复。挖泥的另一原因是在新建设方面的作用，比如修建码头和桥墩，还有挖掘岩石和矿物质。在所有的情况中，挖泥的工作也会给生活在海底的生物带来负面的影响，并能导致珊瑚、海胆、海星、海草、海绵和成百上千种其他生物的损失。挖泥也能把水中污浊的沉淀物搅动起来，堵塞住一些生命体的鳃，或完全地埋葬其他生物。

虽然阻止海洋排泄物的努力已经对人类同海洋环境间相互影响的方面起了巨大的作用，但是海洋每天仍然在接纳数十亿升的污染物。

受打击最大的要算沿海岸线的地区了，因为陆上的污染物质就经这些地区被排放到海洋中，而这里也是人们建立家园、海港和商业区的地区。随着人类人口数量的继续增长和迁居海岸边缘地带，海洋的污染问题会日益严重。

污染源

在许多沿海的水域，尤其是那些发达国家，营养物富集现象被认为是海洋污染的头等问题。营养物指那些能够提高植物和藻类生长速度的物质。营养物富集现象，即众所周知的超营养作用，尤指营养物的累加，在水域方面来说，主要是氮磷化合物。对人畜污水沟的肆意排放、农业耕种化肥的应用，还有草坪和高尔夫球场等地的兴建，同人类导致空气中氮的含量超标引发空气污染一样，都造成了水营养物富集现象的产生。

污水，包括人类粪便在内的固体、液体废物，都是海洋中污染的主要来源。下水道里的污染物可以通过径流——没有渗入到地下的降水而进入自然的水路中。径流通过合流污水排放系统（CSOs）进入下水道系统，阴沟和管道则将流入街道中的水引入到污水联合系统中。在合流污水排放系统中，即使是一个中等的暴风雨都会超过污水处理设备的容量。当这样的事情发生时，暴风雨会使污水直接进入河流，这样就把那些物质带进了海洋中。

人类人口的数量接近65亿，每天基本上都会制造亿万升的污水，这个数字远远超出了自然条件所能承受的分解和吸收能力。基于此原因，对污水的处理是完全有必要的。污水的处理会去除其中的杂质，从而使大容量的水能够重新进入到水循环当中。大约99%的污水是由淡水构成的。

当污水被处理时，需要经过若干步骤来减少它对于环境潜在的负面影响。处理手段是把细菌杀死以降低污水中的生化需养量（BOD）。生化需养量是测量水质的一种方法，它能指出在所取样本中，细菌和其他的分解质在分解生物体时所需要的氧气量，通常以五天为一个周期。通常水中生化需养量的含量应低于1毫克/升，而污水中生化需养量的含量则高达几百克/升。

尽管各地区所有的污水处理设备都大致相同，但是处理污水的方法还是有所区别的。当粗砾和杂质被筛选器排除后，剩下的污水便被注入到一个大的容器当中（见插图C－1上图），那里大量的固体物质沉淀到底部。这些固体材料或淤泥从容器中转移出来后，含水过多的部分或者被排放到海洋和其他的水路中，或者等待二级处理。在二级处理中，污水中的液体部分由管道进入到容器中。这样可以支持耗氧或有益的微型有机体的生长。这些有益的微生物以有害的微生物、病毒和不必要的细菌为食。在许多沿海地区，污水都是经过二级处理后才进入海洋中的。

经过了两次的处理后，此刻的水体中已经去除了固体杂质和病原体，但仍然存有液化氮和液化磷。这两种营养物在下一轮的过程中被转移，进行三级处理。三级处理包括紫外线灯微过滤手段来做最后的消毒。每个处理的步骤都要比之前花费更多的时间和金钱。

由美国制造的污水的数量大得惊人，这就使得处理难度大大增强。举个例子，在24小时为周期的时间内，加利福尼亚、圣地亚哥的100多万人，制造了1 800公吨的尿液和25万升的粪便。这些污物和其他液体废物一样，首先需要处理的问题就是要杀死其中的病原体并除去固体杂质。从下水道排泄出的污水或混有污水的液体部分被倾泻到离岸4 000米的海水中去。

经过污水处理的污泥通常取道进入海洋的环境中。淤泥由有机化合物、营养物、细菌、病毒、金属化合物、人造有机化合物、化学产品以及成百上千种的其他物质构成。在1998年之前，都市制造的大部分淤泥都会用以下三种不同的方式来处理：焚烧炉焚烧、埋于地下和倾泻到海洋中。而自那时起，将淤泥倾泻到海洋中的处理方式就被严厉禁止。目前，尽管大部分国家的固体物质仍然以深埋或焚烧的方式处理，但也有一部分被用于到农业中来增加土地的面积。

过去的经验为我们提供了现在和未来处理污水和废料的更好的办法。例如，从长远的利益来看，将废料倾倒进位于哈得

图1.2 这幅纽约湾的地图显示了距美国东北岸宽广的大陆架地区。在大陆架边缘，深海的深度在迅速降低。（由Steve Nicklas、美国国家大洋协会、美国国家地理协会和美国国家海洋与大气管理局船只委员会提供图片）

逊河口和长岛南岸的纽约湾的负面后果是显而易见的。约在1890年，纽约开始着手处理垃圾，由人们把垃圾装进船里并倒入纽约湾。到了1934年，太多被倾倒的垃圾堆放在了一起，有些又重新被吹回到了海滩上，结果不少娱乐场所被污染，继而引起了公众的强烈抗议。为了解决海滩上的垃圾问题，立法委员会通过一项决议，禁止向海洋倾倒那些能够漂浮于海面的垃圾。所有该类废料都必须在原地进行处理。从1890—1971年，已经有超过140万立方米的废料被倒入海湾。将曼哈顿岛上的垃圾上下层层堆叠在一起，足有六层楼的高度。

到了1987年，沙滩上滞留的垃圾最后迫使政府关闭了岸边的废弃物处理场。纽约和新泽西州宣告允许在离岸171千米的地方倾倒废水和淤泥。这是一个在大陆架边缘、离海洋较远的地区。在污水开始污染海滩的东海湾后，所有的倾倒便都被禁止了。

从世界范围看，随着人口的持续增长，污水和淤泥的数量也与日俱增。大部分发达国家已经制定了一些关于环保与处理污水和淤泥问题的计划。许多沿海的发展中国家由于缺少污水处理设备更是导致直接将污水倒入海洋。

污水对海洋环境的影响是方方面面的，是根据排放的数量和规模，由海水消化废水的速度来决定的。因为污水和径流都包含着营养物，其中大部分成分都是氮，所以它们影响植物生长的速度。低浓度的营养物进入海洋后，不会产生丝毫的负面影响。相反，适当提高营养物的浓度能起到化肥的作用，刺激植物的生长。当含有高浓度营养物的污水和径流使得海洋的营养含量远超正常值后，导致了另一个严重问题的产生。

污水中含氮的尿和粪便，能带给海洋环境巨大的灾难。因为氮是植物生长的一种主要因素，低浓度的氮可以限制海洋的生产，增加适量的氮又使植物和绿色的单细胞浮游生物在正常节制的控制下迅速生长，比如说硅藻和腰鞭毛虫，但是要在正常的限制情况下。

而大量的营养物质却使得藻类大量繁殖，同时也使得微型植物和单细胞绿色有机物的数量飞速增长。

可以说，鱼类以植物为食可以控制植物的生长数量，但当藻类植物的生长速度超出了草食性动物食用植物的速度时，迅速增长的细胞和植物便能覆盖整片海域，从而逐步占据其他生命物在海底阴暗处的生活空间。这两种严重问题导致藻类数量的增长、水中缺氧和毒素的产生。

既然植物是通过光合作用来制造氧气的，那么说起来相当讽刺的是海底大量的植物耗尽了海底仅有的一点氧气而不是制造它。光合作用需要光，从白天转入黑夜后，植物和藻类采取另一种维持生命的方式，那就是通过呼吸作用，用氧气来分解食物，从而获得养分。在白天,呼吸和光合作用同时发生时，氧气的产量能平衡氧气的消耗量。夜里，大量的植物和藻类就会迅速耗尽所有的氧气。

缺氧现象能够导致植物和藻类的死亡，之后它们的尸体沉入海底。在海底,它们成为海中生物的食物。因为突然间产生了大量的食物，促使细菌的数量猛增，并且迅速地消耗海底中所有的氧气。缺氧现象同样导致移动缓慢的无脊椎动物死亡，比如说蜗牛和蛤。而像鱼和章鱼这样机动性较好的动物则可以幸免于难。

在超过1 000种的单细胞的腰鞭毛虫（如图1.3中所示）中，

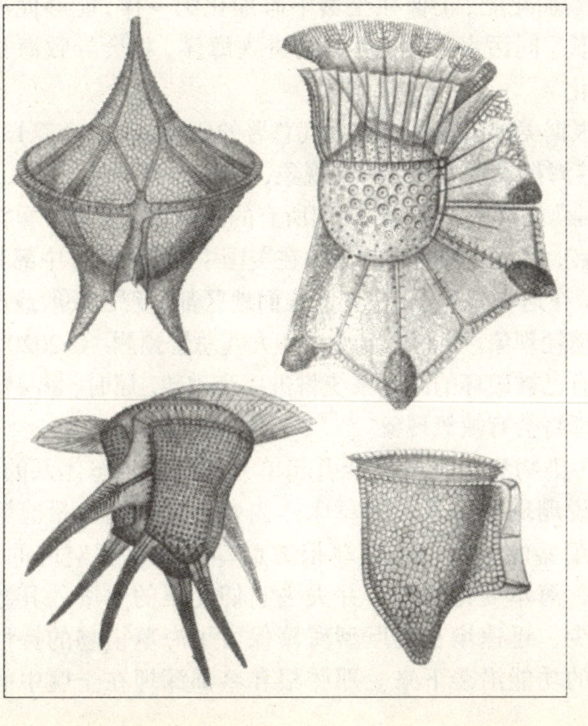

图1.3 腰鞭毛虫是单细胞的绿色生物体，其数量能够在富营养化的水域中爆炸似地增长。
（由Carl Chun和美国国家海洋与大气管理局船只委员会提供图片）

只有很少的几种能够产生毒素，其中一种腰鞭毛虫的毒素能够引起麻痹性中毒。在有害的藻类迅速繁殖生长期间，也就是众所周知的赤潮期间，会导致这种能放毒的腰鞭毛虫迅速繁殖。而以腰鞭毛虫为食的水生贝类动物也能够分泌毒素，所以不会受到腰鞭毛虫毒素的影响。但是其他的鱼类、鸟类、海洋哺乳类动物和人类却都能中毒。毒素会导致麻痹性中毒，这种毒素能够麻痹神经信号，妨碍信号在肌体内的传输。在中毒严重的情况下甚至能够直接导致死亡。随着沿海人口的增长和水污染物富集现象的加重，赤潮现象的蔓延也越来越广。

污染物集中现象

乡下的径流所携带的污染物同城市中的径流是一样多的，虽然它们的来源稍有所不同。在城市，径流流经各个被重金属和石油污染了的街道，而乡下径流流经的地区是被化肥和农药处理过的田地。化肥中含有许多的氮和磷，而后者则是经常处于供不应求状态的一种重要的植物养料。在水中添加化肥，正像在土壤中添加化肥一样，能够促进植物的生长。同污水一样，污染物进入海洋，将会导致海水水质的恶化。

根据美国国家海洋和大气总署的研究显示，全美138个河口、港湾都发生了严重污染现象，1／3的海湾已经陷入了“严重污染”的境地。虽然在美国所有的海岸线上都有严重污染现象存在，但是这种问题却集中在美国中部、大西洋中部和墨西哥湾。在这些海湾中，67%的表面地区都呈现出一般或严重的氧气消耗现象。美国国家海洋和大气总署预测：到2020年，现在所有已被破坏的海洋系统将进一步遭殃。届时，86%的地区表面都将会有缺氧现象。

污染物集中现象也会引起单一的海洋生态体系的毁灭，比如说珊瑚和海草。海草床体内营养物的输入量能够刺激草叶茂盛的生长，但在草根方面却未能有相对应的增长。结果，海草变得很重，并失去它们扎根的土壤，其数量开始减少，迅速增长的巨型海藻保留了海草植物的特性并将它们的功能沿袭下来。那些根和茎都深埋在土壤中的海草的损失，会导致这一地区受到腐蚀。海底下悬浮着的土壤和沙砾，使水质变浑浊，这就减少了能生存于此的生物的数量和种类。

同样地，富营养化能使一些不必要的巨型海草开始生长，它们的生长会占据更多的生活空间，排挤那些必要的藻类植物。波罗的海就发生过类似的情况。波罗的海位于欧洲东北部和斯堪的那维亚半岛之间的一片开放的海洋区域。那里曾经有葱郁的河床、褐色的海岸，生物可以自在地穿梭其中，波罗的海也因此闻名遐迩。但是，富营养化使因作为动物食物和栖息地而被限制的绿色海草迅速生长。结果，褐色海草的数量减少，而原本居住于此的动物再也无法生存了。

生活在热带礁岛上的珊瑚因为污染而受到严重的破坏。珊瑚虫同寄生于其组织中的虫黄藻是共生关系，没有了海藻，珊瑚虫也就不能在清澈的、营养化程度较低的海域中建礁。当营养物的浓度增高时，海藻的繁殖迅速盖过了珊瑚礁，阻挡了与

珊瑚礁中的污染环境

同其他大多数的海洋系统一样，珊瑚礁在生存的环境中正面临着污染物不断增加的问题。对于珊瑚来说，这些高浓度的污染物会频繁地、剧烈地带来各种疾病。在过去的20年中，加勒比海中的珊瑚礁饱受流行疾病的摧残，结果有60%—70%的珊瑚被彻底杀死。所造成的巨大的损失永远地改变了个体礁的特征。

对此现象进行调查的研究人员，通过检验来证实他们对墨西哥尤卡坦半岛附近的污染物和礁群疾病间关系的怀疑。北卡罗来纳大学的约翰·布鲁诺博士和助手们把各种定时投放的化肥集中起来装进包中，然后把这些包挂在距珊瑚几英尺的地方。研究人员发现，污染物即使在正常的生长状况下，也照样提高了珊瑚感染真菌病的概率，即人们所知的曲霉病。污染物的成倍增长，加剧了传染病的传染和组织器官的损失。

珊瑚礁被破坏的事是很少有发生的，即使有过，也会在剧烈爆发的疾病后重新恢复。在珊瑚动物死后，所剩的干礁上面会因为海藻和巨型海藻的生长而簇叶丛生。布鲁诺博士指出，严重污染不仅仅是给珊瑚礁带来压力，更重要的是它会导致全球的温度升高、过度捕捞、剧烈的暴风雨和淤泥与沉淀物等问题。他强调说所有的刺激反过来都会对珊瑚有影响，而高浓度的污染问题也许是人类可以补救的。

珊瑚虫共生的虫黄藻获得充足的光线。当这些有机共生体因为缺少光线变沉后，虫黄藻通常会选择离开珊瑚虫，又因为这些虫黄藻对珊瑚颜色的形成有影响，所以在虫黄藻离去后通常会使珊瑚发生白化现象，白化后的珊瑚也有可能得以复原，但大多数都会死去。珊瑚的损失会导致整个珊瑚礁群的改变，从而迫使许多鱼类和无脊椎动物不得不到别处去觅食。

死亡地域

海水的严重污染造成的后果是长远而复杂的，其中最严重的就是导致了死亡区域的形成，造成低氧面积的扩大，从而进入缺氧或无氧情况。世界上第二大的缺氧地区就是墨西哥湾，延伸面积为1.5万平方千米。在情况最糟的一年，海湾死亡地区的面积增至2.015万平方千米，足有康涅狄格州和罗得岛州加起来那么大。

密西西比河流经的陆地面积超过任何一条其他的河流，负载着美国本土41%的水路运输。密西西比河内安置的排水系统供47%的乡村人口和52%的农场使用。20世纪的农场耕种强度的增加，使得密西西比河中的含氮量也增加了2—7倍。

每年春天，死亡地域的现象都会发生。那个时候，频繁的降雨和冰川融化产生的雪水会使密西西比河泛滥。浇灌富饶的中西部的雨水中含有溶解了的污染物质，此外，密西西比河河流及其支流，接收各种情况带来的污染物。最终，充满着污染物的河水汇聚到海洋中。在那里，密度较轻的淡水漂浮在墨西哥湾密度较高的咸水之上。夏天到来，沿岸的温度升高，水层上的营养物质刺激了海藻的生长，导致数量猛增。而稠密的海藻会耗尽所有的氧气，海藻下沉后会被细菌所分解，这是又一次耗氧的过程。到了6月份，一旦水中所有的氧气均已耗尽，那些依靠氧气生存的生物也难逃一死。

在过去的30年里，死亡地域的面积一直在增加，这与人类的活动有直接的关系，一是玉米小麦地中化肥使用量的增加；二是密西西比河流域家畜农场的增加。家畜农场中的肥料含氮量极高。

同时降水也会影响这些地区的面积，因为雨水将污染物直接带到河流中。1988年的春夏两季，美国中西部发生干旱，只有少量的降雨可供人们使用来浇灌土地和家畜农场。结果，这就导致水中的污染物要比平时高，而在它们流进海湾后，就会导致死亡地域的面积逐渐蔓延开来。

到目前为止，死亡地域在每年的春季形成，在秋季消失。如果墨西哥湾按照其他海洋的死亡地域所建立的模式去做，灾害发生的频率只会更频繁。起初死亡地域主要的表现模式为每2—3年形成一次，一段时间后，这样的情形每年都会发生。

低氧区的形成可以解释为是因墨西哥湾赤潮发生频率增高导致的。水中营养物质的出现为许多种生物创造了良好的生存条件，包括能够导致赤潮现象的海藻，随着海藻迅速蔓延，逐渐侵占其他生物的生存空间，对它们的生存产生威胁。

世界上最大的死亡区域的形成是在波罗的海，它要接受沿海各州共8 000万人口所排放的污水量。类似的地区分别位于纽约湾、美国东海岸的切萨皮克湾、斯堪的那维亚半岛的几个海湾、地中海附近的亚得里亚海北部湾、不列颠群岛和斯堪的那维亚半岛间的北海，还有以北部的乌克兰和位于乌克兰、土耳其之间的黑海。20世纪80年代，黑海的死亡地域的面积达到有史以来最大值，覆盖了2万平方千米，该地区大部分的污染物都是由含磷量过高的化肥造成的。在区域经济解体后，农民们被迫节约使用化肥，才使得缺氧地区的面积得以减少。1996年，在长达23年中首次没有形成死亡区域。

人们仍在认真地研究着死亡地域带来的长远结果是怎样的。研究人员发现，只要地区发生缺氧现象，那些附着在该地区和行动较慢的生物就会面临死亡。移动性较强的生物都会趋吉避凶，远远逃离这片荒芜人烟的居住地。能够在氧气缺少的条件下幸存的动物，比如一种名为小头虫的蠕虫就可以利用激增的食物数量和生存空间来迅速扩大自身的数量。事实上，在低氧情况下幸存下来的小头虫，已经成为一种用来意指在某些遭受污染的环境当中仍可以生存的动物标示。

死亡地域产生的其他的长远影响是复杂而很难估计的，生命形式一旦消失，食物链就会发生改变，而一些原生态的物种就会永远的在这个系统中消失。当鱼类的数目减少，渔民们就不得不离开码头到更远的地方去捕鱼，而原本创造利润，又给当地居民提供娱乐场所的渔场的损失会给当地的经济带来严重打击。

空气中的氮

虽然水是将大部分的氮带入到海洋中的主要的运输体，但是这种元素同样可以通过空气的污染被带入海水当中。由人类生产生活中制造的高浓度氮是导致北海和波罗的海死亡地域的罪魁祸首。大气中的氮可以经由两种方式进入水中：干沉淀和湿沉淀。湿沉淀包括降雨、降雪和雾；而干沉淀指的是沙尘粒中的氮气和氮气化合物。

波罗的海和北海中海藻的增殖与陆地环境周围传统的生产活动方式有关。随着区域性养猪和家禽业的加强，动物废料的数量也随之增多，而废料中的以氨水形态存在的氮也会挥发到大气中。氮气在水面溶解，然后经沉淀进入海中。发生在大西洋中部的沿海地区和北卡罗来纳沿海的附近水域，都存在这种现象。

大气氮的另一个主要来源与人类的生产活动有关，包括对矿物燃料的燃烧，比如石油、煤和天然气。研究人员认为，对矿物燃料的处理会在意想不到的地区产生高浓度的氮，就像北极和南极的水域，都是从未有人居住的广阔陆地，也是未曾遭受污染的纯净资源。空气的流动能携带一些氮化合物，并在它们下降到地面之前飞行很长一段距离。

而大气中氮数量的多少是一个新出现的环境问题。大气中的氮是普遍存在的，空气中78%的成分是由氮气组成的，虽然它以一种大多数生物都无法利用的形式而存在。如想进入到食物链中，大气氮必须经过特定的细菌或海藻来分解，即所谓的“固氮”。这些生物利用体内的氮制造有机化合物。在将养分吸收后，有机物再把氮转化成为动植物都可以利用的化合物。如果没有固氮的过程，许多重要的营养物就会在食物链中消失。

疾病的危险

海洋中没有经过充分处理的污水是引起生物体疾病的来源之一。由疾病控制中心（CDC）提供的信息显示：生存在人体肠胃内的微生物，包括细菌、病毒和寄生虫，都能通过含有污染物的污水和类似有壳的水生物的接触在人与人之间传染。

人在饮用受污染的水或食用了受污染的贝壳类动物后，就容易感染胃肠炎或肝炎。根据感染严重的程度，胃肠炎和肝炎的症状包括：呕吐、腰痛、腹泻、发热等症状，严重的时候甚至导致黄疸性肝炎 。此时皮肤看起来是黄色的，因为肝脏已经不能再正常消化胆汁，使之成为废弃的东西。类似的情况还有游泳，在游泳时与污染了的水接触会引起皮肤感染。

研究显示，受污染的水中所产生的有害个体数目，是根据污染程度决定的。呼吸和肠道传染病的增加与污水的增多是息息相关的。欧洲和美国环境保护署的调查结果显示，即使在水中游泳亦存在着患病的风险。世界卫生组织宣布说，每20个人中至少有1人在下水之后就会感染疾病，哪怕只是一次。

生活在受到污染的海水中的动物也会面临患病的危险。

海滩的关闭

海滩是一个令人喜欢的旅游景点。对于成百上千万的美国人来说，他们可以在海滩上自由地享受游泳、冲浪、挖沙坑和涉水的快乐。每年夏天，成千上万的游客不得不因为海中漂浮上来的污染物的增多而被迫远离这里。这个问题在现在看起来更糟糕。到2003年，全美遭受警告和已经关闭的海滩，时间累计达18 284天，比2002年增长了51%，而在密西西比河，这个比例一度达到337%。从2002—2003年，关闭的时间急剧增多，主要是由于两个因素——污染物的增多和更多关于水质情况的警告。

海滩水域中绝大多数的污染物，来自于含有污染物的径流和污水里带有高浓度的人类和动物废料中生活的细菌。在含有这些细菌的水里游泳，容易导致呕吐和腹泻，对于婴儿、年龄稍大些的老人，还有免疫力较低的人群（比如癌症患者），则有生命危险。

根据美国环境总署的报告，每年都有超过4.5兆升未经处理的污水经由旧的下水道系统流进大海中。大部分下水道系统的零部件已经超过33年了，而其中有的零部件已经使用了至少200年之久。大雨淹没了这些旧的系统，结果导致雨水和污水都流进了附近的水路中。在全国的各个城市都可以看到这些旧的排水系统，但是它们都集中在中西部、沿东北和北部的海岸线附近。大多数的城市未能改善下水道系统，原因就是缺钱。全国的排水系统的更新将会耗资1兆美元。

2001年，南卡罗来纳大学的一位生物学家对海牛、海豚和鲸的组织器官进行了研究，发现它们均死在墨西哥湾或塔帕湾中。这些动物的死因并不是由其他原因造成的，比如说被轮船的推进器划伤，或困在鱼网内死亡。生物学家发现了两种对人类有危害的病原体——微孢子和隐孢子。这两种有机物的存在都是由人类排放的生活污水造成的。在其他较为健康的人群中，这种细菌能够产生诸如腹痛和腹泻的症状。而对于免疫力较差的个体，比方说艾滋病病人，这些细菌就能够引发强烈的腹部疼痛。尽管生物学家对于导致哺乳动物死亡的微孢子和隐孢子的研究尚处在初级阶段，但是带给我们的一个启示是：因污水产生的人类的病原体能够感染并危害海洋动物。

海洋污染

从远洋航行的船只泻入海中的大量污水中，有10%来自于

淤泥的增加和淡水输入减少的问题

污染物和细菌污染物经常性的、大批量的涌入，对许多海岸地区的生态环境构成威胁，但是其他的问题也足以对海洋带来毁灭性的打击。在一些地区，淡水的输入量是自然生态环境的一个重要组成部分，而这样就产生了两个问题：淤泥量的增加和淡水输入量的减少。

从江河中流入海洋里的淡水对海水的盐度有着明显的影响。如果人类在上游的生产活动使进入海洋环境中的淡水减少，海水正常的盐度值就会改变。沿海边的大坝和抽水站就是两个将自然的溢洪道转向的众因素中的两个，这样就使它们在改变的同时阻碍了流进海洋中的淡水的输入量。

随着淡水输入量减少，盐的浓度增加。盐的含量几乎在方方面面都影响着海洋生命。对于那些忍受不了盐分波动变化的动物来说，水中盐分的升高会制造一个令人无法想象的生存条件，它会迫使长久居住在沿海边的居民迁移别处，减少含盐区域和改变当地食物链的特征。许多像巨型海藻和海草这样的生存者，对于水中盐度的变化很敏感，并会在盐度改变的情况下降低产量。

对河流边陆地活动消耗量的限制会改变沉淀物正常进入海水中的流速。树木的损失、建设工作的增多，以及以河流和溪水为界的绿色通道的损失，都成为那些使流入海洋的淤泥量增加的因素。水中的悬浮物减少了光对水中海草、珊瑚和其他沿海生命体的照射。随着沉淀物沉入海中，它们会覆盖在底部栖息着的有机物上，阻塞生物呼吸的鳃和过滤器。

海草是沿海边生活的最有生产能力的生

巡游艇上的厕所的污物。超大型轮船很像小镇，能够产生大量的废物量。曾经，人们被允许可以把船上的污水倒入海中任何的地方，而如今实行了更严格的管理。目前，《水清洁法》允许游艇将废物和废水倒入距离海岸有4.827千米远的水域中。而海岸边的许多州认为这样离海岸边的环境还是太近，因此他们要求将这个限制距离提高19.308千米。

游艇不是倾倒污水唯一的罪犯，其他的船只同样也参与到倾倒污水的活动中。那些供人们娱乐的船只，以及其他的小船都聚集在各个船坞、港口、海湾和河口。这些地区均呈半包围状围在海域四周。在这些被包围的地区中，海水不能像开放地区那样被冲刷，所以被倾倒的污染物便滞留在那里。在被包围的水域，从小船上所倾倒的污水量也是很大的。对海水中污染物的研究显示，由小船上倾倒的未经处理的废料中的细菌含量，比一个小城市经处理后的废水中的细菌含量还要多。

物之一，它们的生长为海星、蛤、虾、蟹还有许多幼年的鱼类等数不清的无脊椎动物提供了食物和庇护所。在海草的底床，小鱼们能够避开捕食它们的动物而寻找自己的食物。海草根的纤维也保护在沉积层生活的生物，以免它们的天敌来捕食。

海草床通过附着于沉积岩上，减少了沉积岩腐蚀，从而改变着环境。它们也会慢慢地流过区域，使这个地区成为对一些小动物来说可以居住的轻松的地方。就连海草的叶片都能为大量的有机物提供可附着的空间，包括海绵和海藻。

海草的健康程度取决于照射到植物上的光线的多少。但光线不能通过被淤泥、农药、化学药品、化肥和其他污染物污染了的径流。这些污染物加大了海水混浊的程度，在一些极端的环境下，淤泥的重量能让海草窒息。

因为污染，在许多沿海区域的海草都消失了。在切萨皮克湾，海草从最多时一下锐减90%，墨西哥湾的地区也减少了20%甚至100%。一旦失去后，海草只能缓慢地恢复，并在数十年后才达到有生产能力的程度。

不是所有对沿海河流的限制的规定都能够增加沉积的数量。建筑物能够减少进入海中的沉积岩的数量，而防浪堤和防波堤的建造，能防止海滩上沙子的流失。这些沙子经过人工的保护，就不会因沿海的自然流动而进入海中，这样就会保持流动的平衡，并将沉积物从一个海滩的末端正常地带到下一个海滩。这项工程保护住了一个地区的沙子和土壤，但是会引起海滩其他部分沉积量的改变。

结 语

根据以往经验和对大众的教育，人们认识到海洋是脆弱的，甚至会因为海洋和陆地的生产活动而被破坏。对其他问题的研究使我们对自然海洋系统有了进一步的了解和掌握，同时也更有责任对这些问题进行关注和治理。

高浓度的氮进入到陆地上的排水沟中，并流进海洋里，引起富营养化。海洋中的氮来源于以下几种途径：污水、径流和大气。另外，在河流上的建筑物也制造了多出正常负载量的淤泥和沉淀物，而其他各种保留沉淀物的工程又阻止了它们给土壤以营养的传统性的作用。

墨西哥湾海水受到的污染问题是全球沿海体系所发生的典型的问题。降到农场、畜牧场和草地上的雨水，都会把高含量的氮带进密西西比河。另外，河流是美国大陆40%多的污水的最后存放地。所有这些富氮的海水于春季汇聚到墨西哥湾，并在这盐水湾的表面飘浮。当天气开始变暖时，这些营养物就开始刺激海藻迅速地繁殖。

氮磷化合物如同化肥，能提高微小的绿色有机物和微型海藻的产量。随着海藻数量的增长，它们消耗尽水中所有可利用的氧气后，就会死亡，然后沉入海底。在那里，它们成为专门依靠氧气而活的海洋生物的食物。海洋生物本身的数目也在迅猛发展。随着海洋生物数目的增加，氧气的供应也开始逐渐减少，直到整个地区的完全缺氧，这会导致死亡地域不再支持用氧生物，整个地区的食物链也将跟着瓦解。

除非流入密西西比河的营养物质越来越少，否则，墨西哥湾的死亡地区注定将成为全年都没有生命的地方。为避免这种情况的发生，美国中部数百万人共同努力，来减少营养物在河流系统中的数量。此外，还必须保护湿地和自然区域，保护流入进密西西比河的河流。海湾的富营养化和缺氧是由于人们只是考虑短期目标的计划而造成的，为了结束这种海洋污染，全体公民必须要把注意力放到长远的计划上。

二 石油、垃圾和有毒物质对海洋的污染

海洋的衰退是一个全球范围内的问题。几个世纪以来，近海水域一直是被当作用来倾倒垃圾和多余杂物的场所。同样，海水也吸纳来自于河流中的污染物。结果，沿岸海里的污染物比在公海里的还多。

在清理海滩的过程中，人们齐心协力，一起把海岸附近的污染物清除干净。塑料是所有垃圾中最容易找到的污染物质。这个发现反映了海洋中还有大量的这种物质。其他许多的污染物要么是看不见的，要么就是很难被发现的。石油、重金属、农药和放射性物质在水中混在一起，或者覆盖在沉积岩上，或者被分解。石油是流入海洋里成百上千种有毒物质中最毒的一种。污染性石油的来源包括石油运输、石油勘探和轮船正常操作中的渗漏。

海洋石油

现代文明离不开石油。没有天然的石油，就不会有淤渣，也不会有汽油和柴油。在世界的绝大部分地区，石油产品为现代化生产注入了能量，比如在交通、发热、发电等方面。

石油的储备在地球上的分配是不平均的，约有65%的石油储量在波斯湾深深的地表下，其余的分布在世界的各个地方。石油的主要消耗地区，是在那些未能靠近原油产地的地方，如欧洲的工业区、北美以及太平洋的西部地区。结果，石油便从产地源源不断地被运送到需要它的地区。如果距离较长，运送石油的最普遍的工具便是被称作超大型油轮的轮船。在距离相对短的情况下，石油是由管道来运输的。在石油从一个地方运输到另一个地方的过程中，有一些就会遗漏在海洋中。

海洋环境中只有少量的石油是清洁的，自然界中的碳氢化合物的渗漏不断将低浓度的石油带入海洋。海中大量的石油带来很复杂的后果，并造成长期的、对生态体系不良的负面影响。一些由石油渗漏引起的问题是非常明显的。例如在一次近海的石油渗漏之后，成千只死蚌被冲到卡罗来纳州的海滩上（见插图C－1下图）。而其他的问题更复杂。

石油在水中的情况是可想而知的。油比水轻，所以它浮在水的上面。任何被放到海洋中的石油都会迅速地展开，形成一层薄层，通常为0.1毫米，被称为“水上浮油”。随着时间的流逝，原本光洁的平面会继续扩展，直至最终形成有光泽、更薄的一层，这会给海面带来彩虹般的景象。

石油以多种方式伤害生物。被伤害的程度取决于石油的种类和数量，还有就是生物被污染的时间的长短。细菌、植物和真菌几乎无法在任何有油的情况下生存。一旦粘染上石油，这些有机物便无法实现如天然气交换这样重要的生命过程。

鱼类也在不同程度上被石油所损害。鱼卵比成熟的鱼类更容易受到伤害。鱼卵通过脆弱的薄膜能够轻而易举的吸收石油，对于成熟的鱼类，石油涂盖在其腮的上面，因而干扰了正常的呼吸。如果石油浸入以昆虫和植物为食的鱼类，那样，将会导致诸如产量减少、鱼鳍毁坏和生产率降低等一系列问题。长期浸在高浓度的油中，会导致鱼类发生基因变化和癌症。

石油的存在，也对海洋的鸟类宣判了死刑。鸟的羽毛涂有防水性的体油，用来抵御潮气的侵入。羽毛彼此排列着就像是屋顶上的瓦片，保护着鸟类的活动不受潮气和寒气的制约。伴有鸟类自身体油的羽毛的排列，犹如绝缘体一样有效，因为它们与空气最接近，能够帮助动物保存体温。倘若天然油和羽毛分离开来，那么就相当于拿掉了鸟类的防水层，会导致鸟类极易受到水体和寒冷温度的伤害。结果会导致大部分没有体油的鸟类体温下降。此外，在鸟类用喙自我梳理和清洁羽毛的时候，会因为食人它们身体上的油而得病。一些鸟还会因为吃进粘染石油的食物而吸入一些油。

生活在寒冷气候下的哺乳动物依靠两种方式来取暖。同鸟类一样，哺乳动物的本身有厚实的身体，上面覆盖着它们含防水油的毛皮。水獭有着厚厚的皮，为它提供了温暖的御冬外套。当水獭和其他干净的哺乳动物洗澡时，它们会吞进一些污染物。而海豹和鲸鱼，从另一方面说，依靠的是鲸脂，而不是靠毛发来使自身取暖。它们在漏油期间和漏油之后，甚至可以生活得更好，这是因为它们比那些爱清洁的动物粘染的油污量要少，但是哺乳动物在把粘染油污的动物作为食物的同时也吸收了化学物质，当吸入的化合物蒸发的时候，它们就会感到眼睛和肺部的刺痛。

石油可以以原生的、未加工的或被提炼之后的形式释放。原生的或天然的原油对生物来说没有提炼后的油危险大。天然油分解后曝露于环境中，大量的天然油的30%—40%在渗漏后的最初24—48小时蒸发。那些蒸发了的化合物大部分是有毒的可燃混合物。天然气中大部分的混合物不溶于水。所以在生物之外保留着，能够和一些生物安全的隔离开。最终，天然油中的石油被海水冲散，它们的危险性也就被大量的海水稀释了。经天然油污染的地区可以在5年内恢复状态。

换句话说，提炼后的石油对生物的危险性更大。提炼石油的过程是把其中重量沉一些的、生物活性少的部分给分解出去。许多提炼的过程也就是把对生物有害的有毒物质添加进石油中的过程。结果，提炼油的危害远比天然油持续时间更长、危险性更大。30年前，马萨诸塞州沿海岸线地区所渗漏的提炼油今天在海滩的沉积岩上看来仍然十分明显。

石油泄漏

托里·坎宁号油轮在满载着从产油国科威特装载的油返航的路上，撞到了英国南海岸。船长操作的失误，导致该船行驶到了锡利群岛的岩石上。锡利群岛是由五个小岛组成，距离不列颠岛最南端45.052千米。岩石穿透了船体，大约85万升的天然油从船内流出来。刚开始，风将石油吹到了英国的康沃尔和布列塔尼海岸半岛上。这两处地方是英国重要的旅游景点，也是英国旅游业的重要地区。因为世界上还从未有过类似的油漏事件，所以尚不存在应急方案，也没有人知道到底具体该做些什么。10天后，英国政府观察了石油覆盖的海滩和湿地，对如何解决该问题的最佳方法进行讨论。最后，官员们决定炸开油轮，希望通过燃烧来燃尽舱内的石油。一经点火，船体内闪亮的火光点燃了天然油，就这样，石油统统着火，制造了一起绵延数千米的海洋大火。

剧烈的、巨大的火焰燃烧了许多剩下来的石油，但英国海湾所面临的危机仍未解除。为制止石油流向陆地，政府最后批准使用清洁剂和乳化剂来分解石油层并在海中进行驱散。1万吨的化学药品喷洒到油层表面，这些化学药品的毒性比石油本身对生物的毒性还要大，引起所有受害地区的帽贝、藤壶和浮游生物的死亡。

水鸟深受浮油和乳化剂的危害。官方估计有2.5万多只海鸟被油污污染，有8 000多只被拯救出来，并被细心照料，但从长远来看，这种努力是徒劳的。在人们照料它们近一个月后，只有450只存活下来。这些生存下来的鸟被注上标签后放飞，但据悉仅有80只还活着，那些未被捕捉的鸟或因休克，或因体温下降而死亡。

风变向后将部分的油污层吹到了法国的海滩，但是那里的后果不算惨重。因为在一路吹到法国海岸之前，需要很长一段时间。政府用了更多的时间来思考应付漏油的最佳对策。科学家在分析了各种情况后提出几点意见。建议避免使用有毒化合物，同时建议在石油层上铺撒白垩。白垩是一种化学粉末，它能将油汇集在一起成团块状，然后沉落到海底，驱使海洋生物另觅生活空间。

1969年9月，一条输油管道破裂。在某个夜里，佛罗里达号大型油轮前往马萨诸塞运河科得角的发电厂。结果拖缆断裂，油艇开始自由飘浮，不幸撞到一块大岩石上，岩石将船体划开了很深的裂缝，导致4 167升的轻量汽油漏出，风把重量轻一些的油吹出海岸线数千米远。这种影响是迅速而致命的，它能毒害动物，包括贝壳类、鸟类、虫类和鱼类。

托里·坎宁号的灾难给人们上了深刻的一课。于是科学家们立刻要求控制佛罗里达号渗出的汽油。研究未来发展思考方向的科学家们开始一项新的课题研究，就是如今已经被证明对社会有益的分析环境灾难所带来的短期和长期的影响。这项对漏油的特殊研究今天仍然在继续。

研究人员在漏油后受影响地区的浅水底部进行捕捞，目的是要找出居住在底部的植物和动物是怎样继续生活的。结果展现在人们面前的是沉积岩上的所有生命全部死亡。几周之后，又一次的拖网结果显示：一种名为小头虫的蠕虫在其他生物死后开始活跃于这片空寂的地区，而它们原先在该地区的数量却不是很多。究其原因，是因为它们能够抵抗住石油所带来的毁灭性的打击。随后，小头虫的数量越来越多，很快就随处可见了。

“佛罗里达号”所泄漏的石油在接下来的几年中继续在整个地区流动。在首次漏油事故发生一年后，石油几乎遍及了沿海的各个沼泽地、湿地和滩涂。这些地区和那些漏油后立刻就被污染了的海滩面临着同样的灾难，就是油层蔓延后夺走了大量生物的生命。即使是今天，石油仍然存在于沉积岩中，科学家们发现只需在土壤中挖几英尺，就可以看到汽油。在许多地方，生物已经返回到土壤层表面，但是深居于土层下的生物的种类仍然是不够多的。

1946年，第一批海上油井在墨西哥湾开始钻孔，接着引发了大量的勘探钻井纷纷林立，钻井平台就是用来勘探石油的（如图2.1所示），其特点就是可以灵活移动。一旦确定储油位置，就将平台移动过去，就地固定井架。1979年6月，一个石油钻井发生井喷，在墨西哥湾水下3.22千米处，众所周知的钻井Ixtoc I开始将石油直接喷入水中。这种流动液的损失被称为“钻井泥浆”，它可以用来润滑和冷却钻头，引起油井过热并出现裂缝。石油和天然气一起喷涌出来，引发钻井平台着火，燃烧的平台波及到了井楼，也阻碍了人们想要封闭油井和阻止井喷的努力。

不同于装载了固定数量的石油的油轮，特Ixtoc I以每天9 524升的速度搅动着天然石油。井喷造成了160.9千米长、80.5千米宽的黑色油层面，井喷控制专家在井喷口处建立了两个减压井来减缓压力，使工人们能够接近膨胀了的井口处，将其关闭。同时，调来了用于将油从海面撇去的撇油设备，来控制油的蔓延。但是汹涌的波浪和猛烈的海风导致大部分机器发挥不了作用。

减压井的方法失败后，工程师们只有另辟蹊径，人们将10万多个钢铅球投在了井口，试图堵住井喷。这种方法虽然有用，但是却对流动的石油不起作用，于是专家们将像帽子形状

石油钻探平台

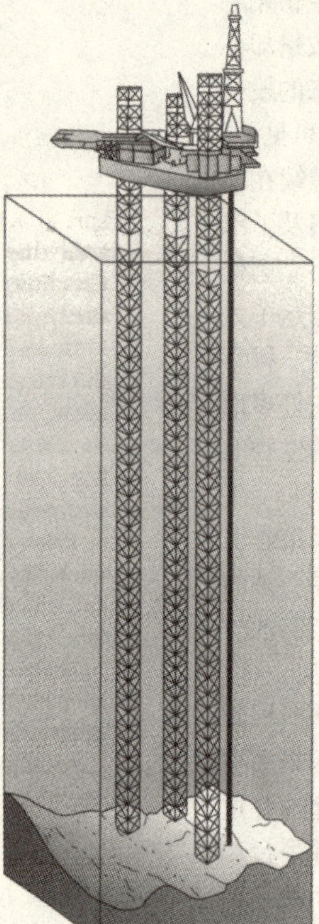

图 2.1　近海石油探测井的结构是可移动的。当自升式钻塔在海上浮动落脚后，望远镜的支架便直接伸到海底。在钻孔任务完成后，支架便被撤回，而钻台再转移到另外的地点。

的钢制圆锥体降到井口的上方，这种圆锥体也只能减缓漏油速度，却不能在根本上遏制住石油外流。10月中旬，即灾难发生后四个多月，油仍然在向墨西哥湾流去。最后，人们用水泥黏合剂封闭了井口。当最后的黏合剂就位，油井已经流失了333万升的石油。

其造成的海洋生物的灾难是多方面的。1 400多种鸟类被油污染了羽毛和脚。皇家燕鸥、蓝脸鲣鸟、三趾滨鸟、白羽青鸟、珩科鸟、褐色大肚子珩科鸟和雪色珩科鸟鸥被油污染了羽毛；而大蓝鹭、黑冠的夜鸥、黑燕鸥、白鹭和雪鹭则被油污染了脚部。在接近溢洪道的水域，虾的数量骤减，等到天然油污漂到得克萨斯湾的时候，其中的一些已经失去毒性了。即使这样，树膜的渣滓也会威胁到肯普海域的橄榄龟的栖息地。橄榄龟是一种正面临濒危的动物，它只在墨西哥北部的海滩才孵卵。

或许最引人注目的漏油事件要数“埃克森·瓦尔德”号油轮的灾难了，这是全美最大的泄油事故。1989年3月，“埃克森·瓦尔德”号在阿拉斯加的浅滩上触礁。顿时，26.19万升的天然石油开始顺着海水蔓延。油层面积很大，覆盖了一大片地区。如果它发生在美国东部沿岸的地区，就会从北卡罗来纳州的沿岸地区开始扩展直至康涅狄格州。

面对这样的事故，数千人聚集到该地区帮忙。有志愿者、有政府雇佣的人员，还有埃克森的员工。他们的第一个目标就是先控制住石油的蔓延，不再让它扩散，并尽力减少动物的损失，之后再清理海滩。汹涌的海浪和寒冷的天气妨碍了工作的开展。此外，威廉王子湾的海岸线是岩石状的，比起沙滩来更难收拾。死亡的数目是令人吃惊的，志愿者和科学家们找到了数以百万计的死鱼和无脊椎动物的尸体，它们都被冲到岸上来。人们估计死亡的动物数目还应该包含3 000只水獭，2.5万只海鸟。另外还有些海豹和受伤的或死去的鲸鱼。

像过去一样，某些清理的工作比它起到的作用更具危害性。在岩石岸边，高压的热水经软管流出来清洁岩层。当热水流出岩层进入到沙滩里，就给原来许多在油难中幸免的无脊椎动物带来了灾难。直到今天，“埃克森·瓦尔德”号的溢流量对自然产生的影响仍是难以估计的。

威廉王子湾的恢复是非常慢的，部分原因就是因为鸟类和哺乳动物的繁殖速度很慢，即使在条件好的年份也是如此。海鸟每年只孵一次卵，甚至在正常的条件下，都不是每个窝都能孵出来的。另外，不是所有孵出来的小鸟都能发育成熟，在石油泄漏之后的3年中，一些种类的鸟的繁殖能力竟完全的退化了。

当水獭要洗澡的时候，它们会吸收进有毒的石油。在被志愿者所捕获和清洗的水獭中，70%随后就死掉了。海鸟在被污染了的水中游泳，或者在爬上油层覆盖了的岩石上时，就会被污染。然而，海豹的死亡数目是不得而知的，因为它们死后，身体就会下沉而不是上浮。科学家估计以前渗漏油的数量会下降大约1/3。

对威廉王子湾的继续研究为如何处理石油渗漏的最佳方案提供了有用的信息。一项研究显示：在许多花大气力来清洗油层的工作中，仅仅是在除去岩石和沙滩上表层石油的方面获得了成功，表面下的石油仍然存在。总的说来，威廉王子湾海岸大约8.09公亩的地区仍被油覆盖着，大多数的地区仍然含有深入在地下的油。与表面的油相比，这些油的问题更大。因为它没有经过风化和退化的过程，所有油中仍然含有生物毒。一些在沙滩洞中的动物和猛烈的风暴会重新调配海滩上物质的位置，这就使一些埋入地下的石油露出许多，最后会被带到生态系统中。

2001年1月，当“杰西卡”号油轮靠近加拉帕格斯群岛附近时，发生了少量的石油渗漏。超过4 286升的石油泄漏出来，但大部分流向了公海，避开了加拉帕格斯岛，该岛是一种仅存的动物——鬣蜥和其他一些海洋生命熟悉的家园。大约有370只受到石油危害影响的动物得到了救治。另有1.5万多只鬣蜥死去。“杰西卡”号的灾难对人类来说是一个警钟，哪怕是世界上一个小地区发生小型井喷，都会带来较大的危险。

石油的渗漏使科学家和营救工作者们为下一次的灾难做好更加充足的准备。现在我们已经很清楚的是：大部分的石油完全被冲走，而一些石油却仍能在海滩上和沉积岩中滞留数年。另外，大部分的动物在同石油接触后迅速死亡。能把风浪全都掀起来的大风天气，会使漏油的破坏性比在安静的条件下的破坏性减少。这是因为风力有助于疏散石油并分解毒素。急速流动的海水，能够吸纳部分物质。在这种情况下，撇油器就显得无能为力。一个很重要的教训就是：一些清洁的工作和漏油本身一样对环境来说是有害的。在许多的情况下，那些未被清洁过的地区和那些又用热水又用乳化剂清洁的地区相比，恢复得反而更快。

尽管每一次灾难事件发生后，人们总会有强烈的抗议和不满，但漏油事件还会发生。基于这一点，人们也在开发新的技术来应对未来的渗油问题。比如说生物修补技术，就是利用微型有机物来除去污染物的方法，已经应用在许多方面了。石油

焦油球

岸边有一些又小又黑的小块，这就是漏油的余渍。它们的外层很硬，但是内部黏软。焦油球的稠度像充满奶油的糖果一样，可以从数百千米远的地方被吹到沙滩边。

天然油渗漏之后，石油在海平面漂浮几小时的时间里，经历了一系列的物理变化。随着石油拓展成一层细薄层，风浪又把它们连绵的大片油面分解成各个小的部分。石油中最轻的混合物被蒸发，剩下稍微沉一些的混合物。这些物质和水混合在一起，形成一个如同巧克力布丁特征的混合物，风浪的作用力继续撕扯着它们，将它们分解成小到硬币、大到垒球一样的不同形状的球形。

如果许多的油球在岸边堆积，那就必须要手工把它们除去了。在一些情况下，不可能把小块的焦油从中移出，人们不得不用铲子把原有的沙子铲走，而用新的来取代。海滩上焦油球的数量和出现的频率取决于风的类型、海流以及该地区漏油事件发生的频率。

中的有机化合物为细菌提供了食物，这样，细菌就把它们转化成为无害的化合物了。石油是一种复杂的物质，所以，就需要很多不同种类的细菌来分解它。细菌的活动是自然的过程，所以它们对环境的影响比其他什么方法都更加安全。另有一些研究人员在研究一种粉末状物质，该物质取自于澳大利亚的一种黏土。这种粉末状物质经空投播洒到渗漏出的油污上面，使石油凝聚成块，沉入海底，这样，清理油污就容易多了。

石油弃倒

每年，大范围的石油渗漏的总数约为88万升，多家媒体的报道分析有助于帮助全世界的人们对海洋环境中的石油问题加以关注。不过，不经意的漏油和渗漏的现象，造成每年大约有86.4万升的小规模石油泄漏，这就是为什么海洋中有那么多石油存在的原因。路边、停车场、机动车场、漏油的天热气油轮和家庭中使用的石油，通过排水管道，统统流进了海洋中。另外，对轮船定期的维护、对船底的清理、添加石油的时候所浪费的、装卸货物时所漏出的，所有这些产生的石油每年超过1.37亿升。

所有这些为人们所忽视的石油可能要比油轮和油井所漏出的更具危害性。石油进入排水道中，浮在表面成为薄油层的一部分。薄油层是一种自然的结构，一种独特的生产地，像生物体所制造的蛋白质和脂肪酸一样，包含矿物质和有机化合物。当生物死后，它们体内所含的油脂在被完全地分解之前漂浮于薄油层之上。薄油层覆盖在全世界的海洋的表面，它包括微小有机物，其中含有许多鱼类和贝壳的幼体。

化学物质在油中可以溶解，在水中却不能。这些化学物质在薄油层表面聚集，石油、农药、重金属（铅、铜、汞、镉），二恶英和其他的有毒物质要比它们下面2.5厘米的水中的有毒物质多出几百倍。

栖居于这个层面上的微小的有机物，组成了海洋食物链中一个小的种群，浮游植物和动物都是该层的居民，所有的都受到了污染物的威胁。当海鸟在海面浮游跳跃的时候，眼睛、鼻子和嘴等敏感的组织部位都受到了石油的侵袭。对于多种鱼类和无脊椎动物，它们的卵孵在这个层面上，一直到它们出世。这些动物的卵都是那种外壳很少，而且只有黏液和细胞膜来保护的。石油层破坏了动物的健康，又减少了出生卵的数量，它对整个食物链的数量和稳定性有巨大的影响。

石油和石油产品以多种方式流进海洋中。许多城市都建立了合流污水排放系统，其目的就是要把雨水和污水都输入到污水处理设备中。最初，大城市中使用排污系统是为了省钱，但最终从环境角度看，却是昂贵的。当有暴风雨的时候，大部分的合流污水排放系统将雨水和污水带进环境中。凭借这种方法，人行道下的天然气管道和洒在土层上的石油，都可用废水处理设备进行过滤。如不这样，它们进入到排水沟中，就会全部被注入海洋里。以这种方式运送的石油的数量是巨大的。一个有500万人口的城市所制造的排油量超过一艘超大型油轮所渗漏的油量。

海洋中的垃圾

每年，美国的男人、女人和儿童人均所制造的塑料垃圾数量为500千克，总共约有1.2亿吨。塑料有上千种的用途，机动车、电脑、家具和建筑物中的组成部分都包含着塑料。这些塑料制品在完成了初始目标后，一小部分塑料垃圾被回收，而大多数却被丢弃，构成固体废料中10%的部分。许多有用的塑料随垃圾被处理，而数百万吨的则进入了海洋。尽管塑料能产生许多的环境问题，但它的用处每年都在增加。

塑料之所以受到欢迎和有用的原因之一就是它的耐久性。但对于环境来说，正是这种持久性是塑料最糟糕的特点之一。塑料退化的平均时间为450年，这意味着一旦塑料进入到环境中，它就会保持原样长达450年 。

为了确定海洋中的塑料存留的时间，科学家们对保留的30多年前的浮游生物的标本进行了检测。用于该项研究的浮游生物来自于苏格兰和冰岛海洋航路。不出人们所料，那个时候水中塑料的数量为现在的3倍。

大多数的塑料密度小于水，所以它们能够漂浮在水面。在马萨诸塞伍兹赫尔的伍兹赫尔海洋研究所的研究人员们提出了一个观点，就是测定漂浮在海面的塑料究竟有多少。科学家们已经发现，海面每平方英里就有包括大约4.6万种塑料，在这些种类的塑料当中，科学家们已知的有渔网、蛋黄酱的瓶盖、尿布衬、打火机、背包、杯子和绳索。而最大种类的塑料要属渔网和可以延续数千里的钓鱼线了，即经常远航的人们所口口相传的“鬼网”。数以千计的鸟、海龟和海洋哺乳动物困入这个“死亡陷阱”中。科学家们也了解到，“鬼网”缠绕住细小的珊瑚礁外层，导致珊瑚生物的窒息死亡或饿死一些珊瑚动物。其他的靠礁而生存的动物，像无脊椎动物和鱼，则为生长在精致的珊瑚顶部的海藻的生长做了准备。

从20世纪70年代以来，环保科学家对海洋中塑料的负面影响的资料进行了收集。最令人头痛的东西就是类似捕鱼和捕鸟的放6个罐子的套索环状物。海龟会误把塑料当成是水母的球体吞下去。这就会导致海龟消化系统的堵塞而最终窒息，或因饥饿而死去。一些如同夏威夷海豹的动物（见插页C－2上图），把塑料环绕在它们的脖子上。而信天翁和海鸥在飘浮于水面的时候，会搜寻到红色、粉色、棕色的塑料块，并把所寻到的牙刷、玩具、打火机和罐头盖吃进胃中。信天翁（见插页C－2下图）每次在掠过海面时，都吃进一些小塑料块。这些鸟误把这些闪亮彩色的残剩部分当作虾。人们发现了幼年的海鸟饿死在巢中，这是因为它们的胃中塞满了塑料。

海洋环境中的一些小的塑料，就整个生态系统而言，有如同大块塑料一样，甚至更加严重的影响。部分大米状的谷类塑料被称为“塑料细末”或“美人鱼之泪”。因为这些粒子看起来酷似鱼、贝壳的卵，所以浮在海面上的微小的浮游动物会将它们吃掉。当把浮游动物放到显微镜下观察时，可以看到它们的身体里充满着塑料细末，类似的观察可以显示在水母的体内，同样含有这种细长的塑料细末或大一些的塑料物质。

塑料能影响生物正常的消化功能，同时也会带来其他的问题。在海洋中，塑料的残余物吸收溶解在水中的毒素，漂在水中的塑料又可以吸收比水本身多100万倍的毒素。人们可以在塑料中找到包括聚氯联二苯(PCB)和二氯二苯三氯乙(DDT)的有毒物质。在动物的体内，这些化学物质进入到它们的组织中，使其中毒。虽然毒素的剂量还不足以致命，可是它却干扰了生物体内分泌系统、生殖系统和免疫系统正常的功能。

海面上的塑料和其他的浮游垃圾还不能被完全的区分开来。垃圾在两种不同的洋流交汇产生旋涡的地方累积。在海洋的各类旋涡中，最大的被称为“中心旋涡”，这是一种出现在北大西洋的巨大的水循环，它能够按顺时针的方向流动。这种旋涡在马尾藻海域发生。马尾藻海域是马尾藻聚集的地方，而上千种海洋生物的居住地也就在这里或在海草之间。海洋也同样是许多鸟类的产卵地。

为了解决这种长期的问题，研究人员使用可降解塑料和一些比较容易降解的自然物质。两种可降解塑料的方法分别为生物降解和光降解。生物降解塑料是指小的塑料块在玉米淀粉的母体中形成一个整体，当玉米淀粉分解后，塑料也就随之分开了。美国的纽约、马萨诸塞和罗得岛州的法律要求塑料制造品必须是六环状的降解塑料。光降解塑料就比较简单了，它在曝光的情况下易变弱和分解。对于生物降解物质的两种形式来说，塑料块仍然能进入水中，但却不至于要动物的命了。

有毒污染物

由地面活动进入到海洋中的其他种物质包括农药、重金属和放射性废料。农药含有多种化学成分，能够杀死或减少害虫的有机生物，包括杂草、啮齿动物、真菌和细菌。化学生物的程度和农药相关，如有机磷酸酯，就是在通过神经系统时扰乱神经运输，达到杀虫目的的。19世纪早期，有机磷酸酯得到发展，在第二次世界大战中被用作“神经毒气”。1932年，因其在农药方面的突出表现而转为民用。虽然有机磷酸酯非常有毒，但是它不会在环境中长期存留。

其他各种和农药有关的化学物质被称做有机氯杀虫剂。这些化学物质中包含DDT。它在过去非常受欢迎，但大部分现在已经不出售了。DDT同其他化学家族的物质一样，在水中不会充分溶解，但是在脂肪和油脂中却可以。因此它在动物体内含脂肪多的组织器官中聚集。因为有机氯不容易被细菌分解消化，所以它能够在环境中保留很长一段时间。而DDT所涉及的其他问题是，它很容易挥发，能够通过水循环进入到海洋中，随着大气运动能到达地球上任意地方，然后再突降到海洋中。美国已经不再使用有机氯杀虫剂，但是它在一些发展中国家仍然被生产和使用。

在海洋生态系统中，DDT和其他有污染的化学物质首先被浮游植物所吸收，之后浮游植物再被浮游动物吃掉。浮游动物本身又是一些小动物的食物，而这些小动物又会被大一些的动物吃掉。就这样，经过食物链的一步步转化，DDT在生物体内的含量保存下来，越集越多。这便是被称为生物放大(指有毒化学物质在食物链各环节中的毒性渐进)的过程。在剂量较少的时候，DDT和其他的农药对人和动物的健康并无大碍，但到DDT进入鱼或鸟类等高等肉食动物体内时，通常积累到有毒的剂量。20世纪70年代，环境学家首先认识到了DDT所带来的问题。每年棕色的鹈鹕在正常的条件下能繁殖成百上千只后代，但到了1970年，每只成熟鹈鹕生育的总数量却仅为3只。科学家们发现鹈鹕虽然还是正常的饲养和孵卵，但是卵的外壳却非常薄。高浓度的DDT导致卵体极易破碎，并在鹈鹕要孵出新生命的时候破裂。

大自然中的重金属，如：铅、镉、汞、砒霜、铜、铝、硒、锌，都可以成为有毒的污染物。它们以混合物的形式散落于地壳中，在正常的环境下浓度很低，少数几个重金属元素如铜、硒和锌在含量非常低的情况下对人体是非常重要的，但是当它们的含量升高后毒性就很强了。

许多工业的过程浓缩重金属。例如，汞是煤燃烧、农药和杀菌剂以及几项采矿过程所产生的一种副产品。而电镀、制作塑料和采矿过程能产生高浓度的镉。砒霜则应用于开矿、除草剂和木头防腐剂。

因为重金属不能溶解，大部分的重金属进入海洋后落至海底而成为居住在海底的鱼类和诸如牡蛎等无脊椎动物的食物。许多种鱼类和贝壳的消化器官能够分泌和排泄动物所消耗的大部分的重金属元素。但有两种金属——镉和汞不能被吸收。当它们进入到食物链中后，其毒性扩大，导致高等肉食动物死于体内致命的高密度毒素。

最恶劣的一起重金属扩散事故发生在日本（见图2.2）。从19世纪30—50年代，位于日本水俣湾的氯乙烯工厂向附近水域倾倒了含汞的工业废料，结果水中的鱼和贝类均中毒。生物正常消耗汞的安全量应为每周0.2毫克，但是生活在那里的人和动物食用了该海湾中的鱼之后，在不知情的情况下对汞的摄入量竟达到了每周14毫克。自20世纪50年代以来，数百人已经死于汞中毒，另有数百人的症状表现为：软弱无力、肌肉痉挛和出现视觉障碍。有中毒的患者生下来的婴儿患有关节麻木及其他传染病。尽管政府官方统计的受害者数为2 265人，其中死亡1 435人。但另有1.5万人声称自己是汞中毒的患者。新

日本的汞影响

污染过程的几个阶段

1 日本智索公司化学厂将甲基汞肥料倒入水俣湾。

2 甲基汞被浮游植物吸收。

3 鱼吃进浮游植物，甲基汞在鱼组织中开始积累。

4 渔民将鱼捕捞上来，鱼类是水俣湾居民饮食的重要部分。

5 以码头残滞的鱼为食的猫表现出了异常的行为，例如翻筋斗，有的甚至死亡。

6 人类身上发生剧烈的不良反应，一些人死亡，出生的婴儿先天畸形。

图2.2　20世纪50年代，汞化合物被倾倒进日本的水俣湾，并被浮游植物吸收。鱼吃入这些浮游植物，而猫和我们人类一样的哺乳动物再把这些鱼当作食物吃掉，这样逐层的就把汞带入到了食物链中。猫是第一个在食进汞之后表现出身体系统上剧烈的不良反应的动物。很快，人类也开始产生不良的症状，甚至有人死亡。因食入汞污染的鱼而中毒的母亲所生的孩子天生就是畸形。

的研究结果证实了他们的观点,说明即使是微弱含量的金属都可能导致胎儿的先天缺陷和脑损伤。

辐射性的废料是原子以不稳定的形式分裂时所产生的一种有毒物质。如果放射性的衰变所产生的高能量侵入DNA(细胞内的一种基因物质)的话,那后果将不堪设想。DNA的改变会导致癌症和其他严重的疾病。

放射性废料是由核电站的活动或在核武器生产过程中所产生的。生产过程中所产生的废料在使用之后仍将放射达1万年。目前,大部分的放射性废料被放置在冷水湖中,但是它仍以很快的速度累积。有些人建议把核废料埋于深海,但是对于刚刚结束了的圆桶实验的研究结果显示它们已经被分离。另一个对于处置核废料的观点是将其投入到深海的沟渠中,这样它们可以由循环进入到地球炎热的内部。目前该方法还未能实施。

在核反应的环境中,一些放射性物质的能量被削弱了,比如置于冷水中的衰弱了的放射性物质。过去,其中的一些物质被倒进海洋,这样核能量在核爆炸后通过放射性的辐射尘进入海洋中。

一些由于核爆炸和核反应所产生的放射性化合物和生物体日常使用的自然物质非常相似。例如,放射性锶的结构与钙的相似,并且主要的成分都能够被吸收。因此,锶就可以在生物的牙齿和骨头中汇集,一旦在生物体内合并,它就会危害到细胞和组织。

地球上放射性最强的生物是海洋中的虾。这种虾生活于北大西洋600—1 500米深的水域。它们自然地释放钋元素,一种不稳定同位素——虽然大多数虾的体内有足以伤害人类的放射物,但是它们本身却不受影响。其他种类的动物也一样,它们比人类更能抵抗住放射性物质的侵袭。

结 语

海洋环境的破坏是由大量多种的污染物所造成的,包括石油、垃圾、有毒的化学物质、重金属和放射性物质。石油进入海洋中有两种方式——海洋事故和陆地活动。油轮、石油井和输油管道都会发生漏油事故。最著名的一起油漏事故是“埃克森·瓦尔德”号油轮在海上发生的事故。1989年,“埃克森·瓦尔德”号油轮撞上阿拉斯加沿岸的威廉王子湾,造成船身裂缝,使阿拉斯加干净的岩石滩显示出很难补救的灾难景象,漏油的影响至今仍继续存留。包括鱼、鸟和哺乳动物等上千只动物不幸遇难，另有数以千计受伤。

同最近几年漏油的事故一样，该地区需要进行长期的研究，来寻求对付未来漏油事件的最佳的办法。漏油事件对人类的另一教训就是，对漏油事故的处理同石油本身一样危害着环境。那些能够乳化石油的化学物质和乳化剂被证明对生物有害，而用热水来清洁岩石、沙滩的工作，同样可以置沙子和土壤中的生物于死地。在有些情况下，和使用化学、人工的手段相比，自然的恢复也许是更加合理的。

漏油对于生物体来说，会带来灾难性的、长期性的后果。由径流所携带的石油汇到一起，进入到海洋中。石油慢慢地汇进海洋，变成微表层的一部分，这是一种由海平面上的化学物质自然形成的一种薄层。当微表层合并成油和其他如杀虫剂的化学物质，在那里生活的生物会受到高浓度污染物的长期影响。

海洋环境中的垃圾已经是几十年的问题了，而且也是构成海洋污染最明显的形式。塑料是一种在环境中能存在长达400多年的物质。海洋里的生物以各种方式处理着塑料。一些动物因错把它们当成猎物而不经意吞食下去；其他一些动物被塑料线和塑料网缠住，通常的结果是被饿死或溺死。小一些的生物，如浮游动物和水母，将塑料吞下，造成的危险同它们吃进毒药是一样的。

农药、重金属和放射性废料也通过各种人类地面的生产活动渠道进入海洋中。一些农药累积在食物链中，到了比如鱼、鸟和哺乳动物等高等食肉动物的体内时就会使其致命。农药能够长期滞留在环境中，像DDT，即使它们今天已经停止生产几十年了，却仍然能够在海洋里找到。重金属不会溶解，但是有时能在侵入到沉积岩后，从生物活跃的环境中被转移。放射性物质能够危害几千年，如何处理它们，将会是环保学家所要面临的最棘手的问题。

许多海洋的污染物是由人类的活动、生产的盲目性和缺乏计划性造成的。最典型的教训就是人们能够并已经制造了污染，不懂得保护环境的好处。通过对人类与海洋的关系的重要性有了进一步的了解，世界的公民都开始懂得应该如何利用好这种资源的优势。

三 捕鱼和水产养殖

海洋是世界上最大的自然资源。在古代，海洋并不被人们看作是同陆地一样的有财富，只不过是属于全人类的资源。基于此，对于渔民来说，在哪里捕鱼、怎样捕鱼都没有任何的规范限制。几个世纪以来，人们一直奉行的就是“公海共有”的观点，以此来指导着渔民的活动。

当现代科技将建造远洋捕捞船队的梦想变为现实时，海洋的所属权问题便出现了。到20世纪60年代，高效的捕鱼船能够在世界的范围内来寻找最好的猎物，但是在主要捕鱼区的冲突却导致国与国之间的紧张。1982年，在人们共同努力了9年后，联合国制定了一项条约，即众所周知的“海洋宪章”，以此来规范人们在海洋中的行为。

条约中有几项重要的判定：一条就是宣布海底属于人类共有财产，人们都有责任来保护它。其他建立起来的专有海洋地区被称为“专属经济区”（EEZs），在这一区域内的沿海国家有权保护、使用和管理与其临近的大陆架地区的资源。从领海基线起200海里的每个沿海国都有权在自己国内的海岸捕捞。这项宪法为主权国家驱逐其境内的外国船只提供了合法的依据。专属经济区的建立减少了各国间的冲突，使人们捕鱼更安全了。

鱼类食物

在某些文化中，鱼和贝壳一度被视为食物中蛋白质最重要的来源。最早期的渔民用简单的鱼叉、鱼钩、钓鱼线和一些小型的人造鱼网来网罗相对小一些的捕获物。这种捕鱼方式很少对鱼类的数量和环境有负面的影响。

海产品在历史上来说就比其他的食物更受欢迎。在20世纪，全世界的人们都对海产品发生了兴趣，甚至一些原来在饮食中很少食用海产品的国家也盯住了这个市场。有两个因素可以说明鱼和贝壳出售量增加的原因，即迅速增长的人口以及人们对食用海产品的好处的新的认识。

目前，在大多数亚洲国家，比如日本、泰国和中国，人们蛋白质消耗量的40%都从海产品中获取。这个比例在世界其他的国家要小得多，比如美国，每年人均消耗海产品的数量仅为7.3千克，相当于蛋白质总消耗量的6%。即使这样，这个对于鱼引入量相对较小的数字也大大超过往年了。

随着人们对海产品要求的提高，渔民在捕鱼方面的技术也日趋成熟。今天，人们使用装有声波的渔船来探测鱼群的位置，或者通过卫星技术来显示海中鱼群的图像。现代的渔民们还可利用水中听音器（就是在水下用来扩音的麦克风）和在低空飞行时拍摄的照片来捕鱼。

上述捕捞鱼群所采用的精密技术所具有的意义是深远的。1950年，全世界海产品的捕获量不少于2 000万吨。在20年多年前，捕获量是现在的四倍，经稳定化处理的为8 700万吨。当前对海产品的要求一再增加，消费者们对海产品的利用也超过以前，比1950年的方法还要多，这就造成了用来供给人们的海产品的数量有所减少。1950年，90%收获的海产品被送上了人们的餐桌，仅有10%用来喂动物。到了1980年，却只有60%的海产品供人们享用，剩下的40%都用于家禽牲畜的喂养。

对大部分商业性的渔民来说，只有几种鱼类是有价值的。而最有利润的鱼群是那些高密度聚集和集体出游的鱼群，因为那些单独觅食的鱼类很难捕到。在海洋上千种鱼类中，只有10类能吸引渔民的注意力，对这10类鱼的捕捞量占所有捕捞数的95%，它们是：

第一类：凤尾鱼、青鱼、沙丁鱼

第二类：大西洋鳕鱼、海鳕鱼、黑线鳕鱼

第三类：狗鱼、胭脂鱼、刀鱼

第四类：软体动物

第五类：鲈鱼、红鱼

第六类：甲壳纲类动物

第七类：长嘴鱼、鲣鱼、金枪鱼

第八类：大刀鱼、鲭鱼、锯盖鱼

第九类：鲽科比目鱼、庸鲽科比目鱼（大比目鱼）、鳎鱼

第十类：混杂鱼类

为了能捕捉到鱼，渔民们首先要了解在哪里可以找到它们。鱼类在海洋中的分布是不均匀的，因为大部分的公海含营养较少，所以那里的商业性鱼群很少。大部分的渔民把精力放在两个鱼量可能最多的区域：一个是营养富集的大陆架周围，另一个是营养物上涌的地方。90%的商业捕捞都在温度适中的大陆架水域，主要是在太平洋的西北部、东南部和中西部以及大西洋的东北部。还有些地区营养物大量上涌，吸引了许多捕鱼者，这样的地区有：美国西海岸、非洲西部、南美洲西部、秘鲁和智利东部。

商业捕鱼技术

商业捕鱼有几种方法。可以利用许多鱼类的群居习性用网和桶进行捕捞。带鱼钩的捕捞器和带有诱饵的鱼线用来捕捉不成群的鱼和贝壳。所有的现代捕鱼技术的目的就是要在每次远洋时都尽可能带回最多数量的鱼。

鱼钩、钓鱼线、长绳、齿轮同其他的捕鱼技术相比都是些简单的装置。在使用商用钓鱼线时，浮漂支持着一条长长的主线，上面可以连接1 000—3 000条稍短一些的辅线，每个头的末端都带着挂钩。短线间的距离很宽，从线的一头到线的另一头之间有一个足球场那么长。钓钩可以单独装钩或者装许多的鱼钩，并且每条辅线上都有成百上千个钓钩。主线可以延至24.1—64.4千米，在钩上都放有几种诱饵，包括活鱼、死鱼和人造诱饵。一些渔民也用长柄勺把鱼饵、含油的鱼大面积的撒入海中来勾引鱼群。

食物链中高等肉食动物中迁移的鱼群，比如箭鱼、金枪鱼、鲨鱼、长嘴鱼和大比目鱼，都是这些长线渔民的目标。渔民在人们熟知的鱼群频繁出现的地区，比如南美的东海岸、加勒比海和墨西哥湾、北美的中部用多钩长线。

在距离北美中部的海岸线不远处，用多钩长线进行捕捞的渔民，将海洋分成了三片捕鱼区域：最接近海岸线的浅滩地区；从大陆架开始逐渐往更深纵延的大陆坡地区；还有热带暖流经过的海

湾流水域。这些地区中最受欢迎的地方就是由水团形成的旋涡区域。旋涡通常含有许多供底部的鱼类所吃的食物。鳕鱼的放线者们利用天气预报和卫星图形来寻找这些移动旋涡的位置，并投线于此。从暖水域旋涡到岸边的地区尤其盛产鱼类。

用多钩长线进行捕捞的渔民指出：与其他几种捕鱼形式相比，他们捕捉的是比例很小的副捕获物，有时也额外捕一些海产品。通过设置远距离的鱼钩和鱼线，渔民们通常人为的制造一些小破坏来释放鱼群。另外，许多的渔民还使用相对小一些的鱼钩和鱼线，这样它们能够断开，同时让一些大量的产卵的鱼群逃走。

尽管多钩长线有这些优点，也有一些人反对这种方式，他们认为应对海洋动物不必要的损失负责。一些动物被长线钩上的活饵所吸引，包括海鸟、海龟、鱼和哺乳动物。当信天翁在发现饵钩后，迅速俯冲下来，在这个过程中吞掉鱼钩。目前，长线钓鱼是信天翁和燕鸥生存的最大的威胁。每周有大约400只信天翁因为长线的原因而死亡。

除了鱼线和鱼钩，许多渔民还依靠积极诱捕的装置，包括拖网、捞网和围网（如图3.1所示）。拖网就是在船的后面拖着一个很大的网，根据鱼标位置的不同，在海层表面、海水中部，或一直伸到底部。无论如何，拖网是将底部沉的部分垂下，而将顶部的网面漂浮于水面上,另有一个扩展的装置用来保持网口的张开。

拖网的方法对捕捉银鲹、虎鲻、红鱼、海鲂、鲨鱼、鳐和软体动物以及甲壳类动物很奏效。另外，拖网同样能带来巨大的意外收获（见插图C－3上图）。在墨西哥湾，捞虾的产业可有4亿美元的收入。捕虾的网同样能够捕捞到鱼类，比如：红色甲鱼、金鲭鱼，还有珊瑚礁、其他无脊椎动物和海龟。插图C－3下部的图片就显示了落入拖网之后的海龟。

拖网的底部也适用于在大陆架相对较浅的水域，水下100—200米的深度，或者更深一些的地方。捕鱼技术的批评者指出：底部的拖网毁坏了整个深海底居住的环境，比如珊瑚礁和海绵床。最近几年，人们对鱼类的兴趣，比如对橙色的大眼澳鲈的兴趣，增加了渔民用拖网在海底山周围捕捞的速度。海底山就是水下海洋生物茂盛的山脉。

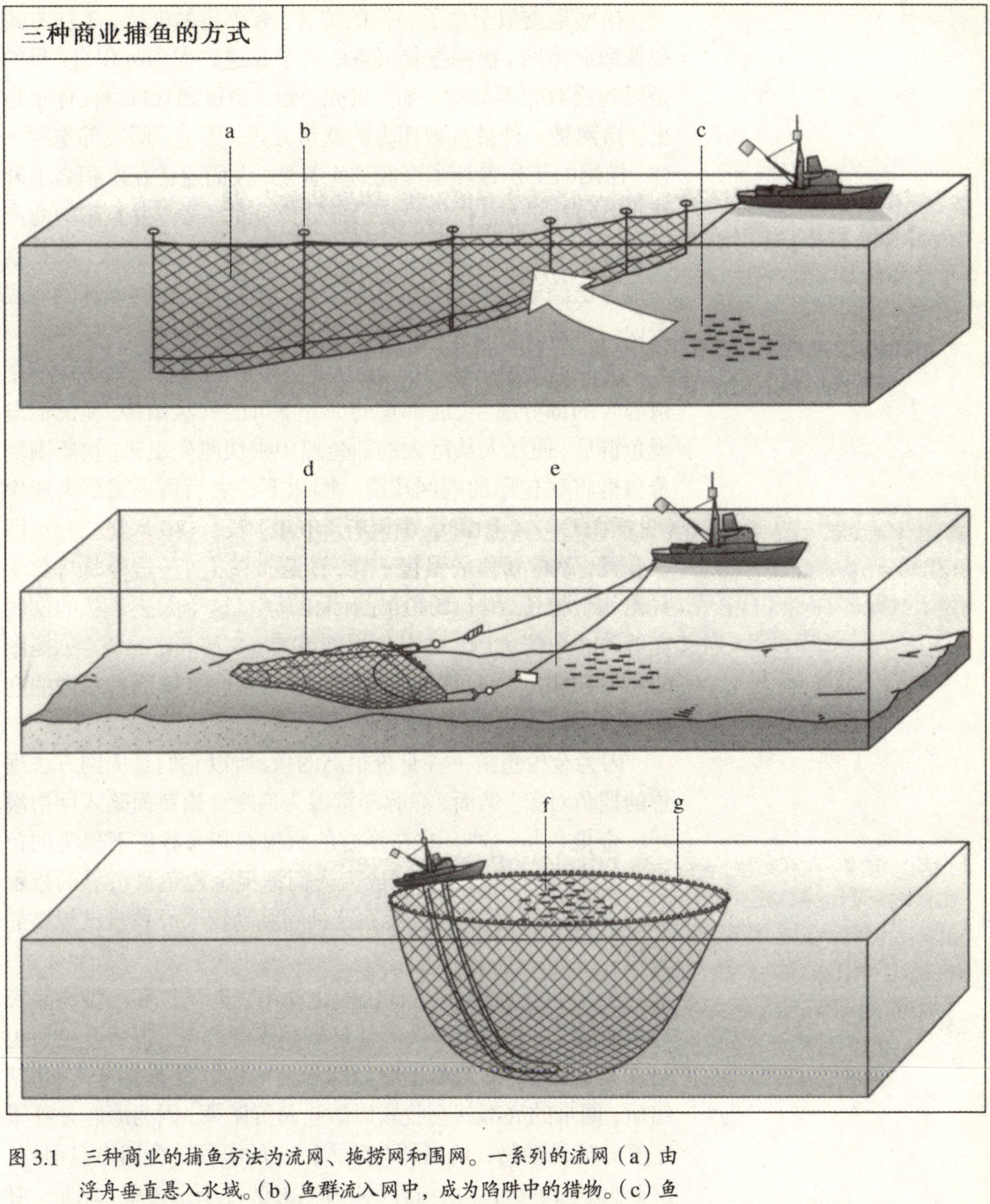

图 3.1　三种商业的捕鱼方法为流网、拖捞网和围网。一系列的流网（a）由浮舟垂直悬入水域。（b）鱼群流入网中，成为陷阱中的猎物。（c）鱼群游进网中，成为陷阱里的猎物。（d）是在捕鱼船只后拖着的巨大的和圆锥形的网。鱼群（f）直接游入网中，人们在发现鱼群的时候，快艇可以迅速的离开捕鱼的船只，在其周围环绕形成围网，之后返回捕鱼船。围网可以被一起拔出，并在底部形成一个类似碗形的合拢（g）。

捞网是类似于盒子一样的装置，有固定的框架，工作方式很像海底拖网。捞网拖着沉重的链子穿过软泥和沉积岩，目的是要捕捉双壳类动物，如：贝壳、蛤、扇贝和牡蛎。批评家指出，捞网是一种最具破坏力的捕鱼方式，因为，同底部拖网一样，捞网的工作毁坏了海底的完整性，人们通常在沉积岩上开凿出几英尺的坑。捞网设备会压碎海底的生物，并且影响海产品的养殖。海底有些地方在一年内竟被捕捞到数百次，现在这些地方已经成为光秃秃的板结土块。对于遭受捞网破坏的海底来说，是需要数百年时间来恢复的。

围网也是用来捕鱼的。巨大的、矩形的网在原地形成一个顶部轻的部分漂浮、底部重的部分下沉的网状结构。渔民们发现鱼群后，便派人从巨大的捕鱼船中乘快艇先出来。快艇围绕着鱼群将钱包形的围网环绕一圈撒下，之后再返回到大船中（见插图C－4上图）。围网有1 100米长、180米宽。当围网一合拢，就像扣住的钱包一样，一起被拽上来。这样就将数千只比如金枪鱼、鲱鱼的鱼群封闭在其中。这个大袋子状的网底能够防止鱼群逃跑，并且每次能盛装6.8万千克的鱼（见插图C－4下图）。一旦被捞出水面，鱼群就会被倾倒进船内的仓库中，等待着送往市场销售。

因为金枪鱼是一种身价很高的鱼，所以它们是围网方法理想的捕鱼对象。然而，海豚却常因为追吃金枪鱼而陷入网中溺死。金枪鱼是一种喜欢在浮游的测程器和海豚群下聚集的鱼类。水下的海豚因此也就成为人们捕捉金枪鱼最可靠的指示器，这样渔民们就能通过观察这种哺乳动物来寻找自已想要的猎物。

在20世纪50年代，渔民们也动用直升飞机和小型渔船来寻找海豚。一经发现，快艇便部署到海豚群旁，那么金枪鱼也会在其下面。然后快艇围着海豚和金枪鱼群撒下围网，一切就绪后，网带的底部就会收紧以防止鱼群跑掉。因为海豚是呼吸空气的哺乳动物，所以那些陷入网中的海豚就会因窒息而死。从1950—1990年，大约有600万只海豚死于围网中，结果，海豚的数量很快就所剩不多了。

公众的强烈抗议迫使捕鱼业寻求一种能够减少海豚死亡的方法。比如“放”的方式，就是使网降低到海脉以下，让海豚游出来。这种方法已经拯救了许多的海豚。另外，使用一种不可能抓住海豚的网，对减少海豚的死亡量也有帮助。而防止海豚数量减少的最重要的原因是人们为了保护海豚而拒绝购买金枪鱼所做的罐头。今天，每年被捕杀的海豚的数量降到了2 500只，海豚的数量现在正在回升。

用渔网、鱼笼和捕捉器来捕捉不同种类的鱼，这些方法已经过时了。捕捉器和鱼笼都是小型设备，人们在上面放上诱饵，将其置入海底，用以捕捉个体或小规模的鱼类。鱼笼和捕捉器形状都像笼子，是由从木头到塑料等多种物质组成的，而且能够在多个地方投放。带有浮标的鱼笼和捕捉器可以帮助人们回收它们的捕获物。鱼笼有一个或多个漏斗形的开口。龙虾、虾两种甲壳类动物是鱼笼和捕捉器的重要抓捕对象。

捕捉网是固定的、无盖的网，上面有锚挂，并被固定在木桩上。在许多的沿海地区，捕捉网都被依样捆在树桩上、芦苇中、枝条旁和绳带旁。大部分的捕捉网都有几个空间，使鱼类可以进入可移动的捕鱼槽中。

被另外一种缠绕装置捕获的鱼的身体，鱼鳍和鱼鳃旁通常都缠在网中，就像那些挂在船外的刺网（见插图C－5上图）。有一种缠绕型刺网为流网。流网有优质的测量线，可以悬于水中，在鱼穿过的地方设置圈套。流网最初是由美国的研究顾问设计出来的，用来捕获小鱼，已被亚洲几个国家的渔民所推广。较大一些的网也被称为染网，大约有40到50米长，7米高。一个或两个渔民就可以控制一个流网来捕获可以养家糊口的鱼量。

当商业捕鱼船开始使用流网时，他们把数百张染网聚在一起，形成一个能够延伸80千米长的网墙，替代了生物可降解的绳子。商业企业用尼龙绳和聚酯绳来制造网。两种合成网线能够使用数百年。在夜里，船只将数千米长的流网放入水中来捕捉各种各样的鱼，包括鲑鱼和鱿鱼。到1993年，台湾、朝鲜和日本的渔民每晚投放4.8万千米的流网，足够环绕地球一周了。

长长的流网因其所捕获的动物数量和大量海洋产品的特点，很快就获得了“死亡之墙”的称誉。每年，在北太平洋地区，这些流网就会使1.5万只海豚、70万只海鸟以及无数的海龟、鲨鱼和其他鱼类死亡。另外，在渔民用力拽网时，网就会破裂，会释放出数里长、能够在海中保留数十年的“鬼网”。这种网能使被它缠绕的任何生物死亡。此类网如今在全世界已经禁用，但是偷猎者们仍然在太平洋海域非法使用这种网。

过度捕捞的结果

现代化技术的应用在捕鱼的方面效果显著。但是许多的海洋科学家担心，今天的过度捕鱼正把许多物种推向灭绝的边缘。有些时候，鱼量已经达到或超出捕捞量。最高捕捞量（MSY），是指在不影响鱼类未来数量的情况下可以捕捉的最大数量。国家海洋渔业服务中心估计，45%的主要用于投放市场的鱼种已经捕捞过度。在这些被捕捞过度的物种里，有些数量已经减少到原有数量的10%。

过度捕捞遵循一种典型的形式。一种鱼或贝壳受到大众的青睐后，为了在新的市场上占有一席之地，成千上万的渔民就全部开始捕捞这一品种。最早动手的渔民迅速出海，盯准这一新品种来获得巨大报酬。经济回报刺激了人们的热情，其他的个人和公司通常出钱，投资购买昂贵的捕鱼设备，希望借此获得同样的利润。

开始时，鱼的数量很多，所以捕捞收获巨大。此外，许多被捕的鱼类的体积较大、年龄较大。就在人们开始广泛捕捞几年之后，情况发生了改变。渔民们发现鱼的平均体积小了，因此他们必须捕捉更多数目的鱼来寻求平衡。在捕捞上来的鱼群中，已经再也看不到体形较大的个体了，因为体积较大的鱼类早就在最初的几年捕光了。随着所有成年鱼类被捕光，剩下的鱼主要就只有幼体了，其中绝大多数还未成为可以繁殖的成熟体。还有，渔民必须要航行很远，花很长的时间，并且努力地工作，才能获得他们想要的。在大约几年内就几乎没有人们计划所要捕捞的鱼了，而与预计相距甚远的捕鱼量与经济上的投入和人们的努力根本不成正比。

全球在过度捕捞方面的第一个教训是发生在20世纪70年

代，秘鲁鳀的灭绝事件。秘鲁鳀是一种以浮游植物为生的小型鱼类。因为那里深水中营养丰富的海水涌到表面。上涌的营养物质促进了浮游植物的生长，也加快了秘鲁鳀数量的增长速度。

1950年，一种名为鱼粉的产品问世。它是由秘鲁鳀制成的，鱼粉作为蛋白质的滋补品被推向市场，并且被用来为牲畜提供营养，包括牛、鸡、猪等牲畜。在鱼粉销售的起步阶段，人们对这种产品的需求量并不大，所以只有7 000吨的鳀用在这一方面。到了1962年，人们对鱼粉的需求猛增，使该鱼的产量达到650万吨。1970年，对这种鱼的捕捉量再创新高，超过了1 120万吨，占全世界所有捕鱼量的22%。

在需求增加的几年中，渔民们和科学家也关注到所捕鱼类的体积越来越小的问题，这首先就说明捕捞给这群生命所带来的压力太大了。1972年，在一个十分严酷的天气条件之后，所捕捉到的鳀鱼的数量骤降为200万吨，至此，人们才认识到对鳀鱼的过度捕捞已经造成了严重的影响。直到秘鲁政府严令禁止和限制捕鱼量，它们的数量才有所回升，但总数仍然很小。

另一个过度捕捞的例子是墨西哥湾的鲑鱼事件。1980年，在阿卡迪亚将一道发黑的鲑鱼做成的佳肴介绍给大众后，这种不为人熟知的鱼类成为了人们一种非常受欢迎的食物。随着消费者们对这种鱼的兴趣增强，渔民们做出了积极的回应。他们用带有捞网的船只专门来捕捉鲑鱼群。从1983—1986年间，鲑鱼商业性的捕鱼量翻了一番。

有如此多的渔民的关注，鲑鱼的数量急速减少。到了1988年，联邦政府认定鲑鱼为捕捞过度的鱼类，并禁止对它的捕获。今天，虽然试图消遣的渔民还会捕捉鲑，但它已经不再作为使用鱼类投放市场了。

像鲑鱼一样，当吃鱼有益健康的观点变得大众化以后，大马哈鱼也从一个相对不起眼的角色成为抢手的捕捉对象。有五种野生阿拉斯加大马哈鱼受用餐者欢迎：红大马哈鱼、齐努克大马哈鱼、银大马哈鱼、美国大马哈鱼和细鳞大马哈鱼。所有种类的大马哈鱼都在河中产卵，但是成熟的个体大部分时间却在海洋中。区别于其他鱼类的是，大马哈鱼一生中只产一次卵。为了产卵，它们会穿过沿海区域、河口、溪流而游回到出生地。即使在过度捕捞使它们的数量减少前，许多成年大马哈鱼已经发现不可能再返回到原来出生的溪流了，因为人类已经在那里建造了各项工程。

渔民们利用大马哈鱼成群在内陆旅行的习性来捕捉它们。在鱼群游过沿岸和河口地区时，渔民下网开始捕捞。在许多地方，人们蓄意的捕捞已经将大马哈鱼的数量减少至濒临灭绝的边缘。为了给大马哈鱼重新繁衍的机会，一些沿岸的地区开始规范对该鱼群的捕捞。

对所有种类的鱼来说，过度捕捞的结果是多方面而且深远的。当一种鱼濒临灭绝时，甚至当数量开始大大减少的时候，鱼类生物链中的所有生物都会遭受影响并发生变化。被过度捕捞的生物，可能会引发其他动物的增殖或其他种种问题。另一方面，以那些被过度捕捞的生物为食的动物们很可能就会饿死。食物链中一种或两种鱼类的损失，就会扰乱整个食物链，同时妨碍能量的正常流动。

海洋养殖技术

随着全球对海产品需求量的增加，一种合乎逻辑的方法出炉，即在人们控制的情况下饲养海洋生物，以供食用和制成其他的产品。目前，被养殖的鱼和贝类，同鲑鱼和虾一样，占人们食用海产品总数的1/3。鱼类在人们饮食中的地位越来越重要，而养殖业也成为农业生产中发展最迅猛的一条分支。

对海产品的养殖已经不是什么新的想法了。中国人早在3 500年前就开始饲养鲤鱼；埃及人在2 500前就开始饲养罗非鱼，而牡蛎的养殖则在2 000多年前的日本就已经有了。传统意义上大部分的养殖农场都是需要投放大量劳动的、家庭经营的小本生意。

今天，一些小的养殖场仍然存在，但是趋势是向更大规模并利用高级自动化操作的方向发展。养殖业如今可以占到世界捕捞量的15%，或者说能带来1 400万吨的食物。养殖业大部分的收入主要来源于饲养鲑鱼、欧鲽、虾类和贝壳类如牡蛎、贻贝、鲍鱼以及比如海藻一样的海草。

在亚洲国家，有许多建立时间很久的养殖公司。而美国才刚刚涉足这片市场。大部分美国的养殖场在南方，集中在环密西西比河河口的墨西哥湾地区，沿岸清洁的水域是饲养鱼和贝类理想的场所，但有时人们很难找到这样的地方。

海藻是一种褐色的海草，它能够在养殖场里进行经济养殖并获得丰收。海藻可以用来生产几个重要的产品，如褐藻酸、碘和甘露醇。这些化合物能广泛用在医药、食品、纺织品和印刷几方面。另外，海藻还可供人食用。

在一种被称为“筏运”的养殖方法中，人们把海藻用绳子吊在木筏上面，并沿着海岸把木筏放在一个又一个位置。海藻的养殖工们把海藻成组的放到污染程度低而且水温不超过10℃的冷水域中，再施用氮肥来调节水中营养物的浓度。

在墨西哥湾，人们养殖其他的海洋动物。虾、鲱鱼、螃蟹、牡蛎、多刺的龙虾、鲇科鱼、甲鱼、金枪鱼和黑石首鱼都收获不小。这些种类中最有经济价值的要属虾了，而鲱鱼紧随其后。因为人类的食物太过油腻，因而鲱鱼所做的菜肴就受到人们的追捧。

牡蛎可以有很多种方式来养殖在其本土的栖息地。一种简单的方法就是把尚未成熟的牡蛎放进底层坚硬的海水中。尽管这种技术能使牡蛎集中养殖，但同时又使很多小牡蛎成为螃蟹的食物。另一个种方法就是图 3.2 所示的方法，把牡蛎从水底捞起，然后挂在漂浮在水面上的木筏中，这个方法和饲养海藻的方法有些类似。离底养殖技术在亚洲国家已经使用 50 多年了，目前此方法也被欧洲、澳大利亚和美国所采用。当牡蛎被安稳的放在水中后，它所产出的数量是过去野生捕鱼量的两倍，而且肉味更加鲜美。

图3.2 牡蛎和贻贝可以通过海上养殖来增加产量。能自由游动的牡蛎或贻贝幼虫会附着在来回摆动的绳索上，从而被人类捕获(a)。幼虫被养在海水槽中(b)，直到长成成年个体，才被放回海洋中。(c)幼年的牡蛎被系在垂直的杆和绳索上，放在潮汐时较浅的水域饲养。

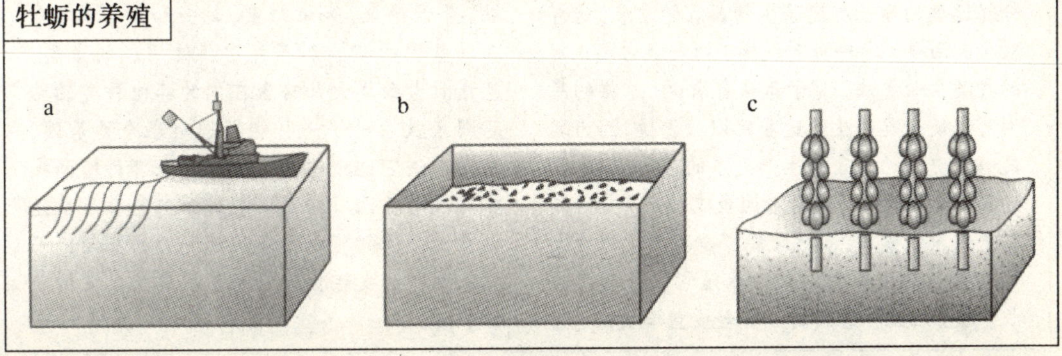

作为蜗牛近亲的鲍鱼是一种腹足纲的软体动物，生活在加利福尼亚和日本的水域中，是一种人间美味。鲍鱼的数量很是稀少，因此捕捞的每种的价钱都很高。鲍鱼的养殖场主要把它们销售给饭店，这样他们每8.2毫米就可获得大约3美元的利润。幼小的鲍鱼通常是在充满旋涡的海水的容器中来饲养。大马哈鱼的养殖主要在美国和加拿大的沿海地区进行。大西洋大马哈鱼在大不列颠哥伦比亚的85个饲养场进行养殖，2002年收获的产量是7万吨。大马哈鱼是肉食动物，在饲养场里它们被喂以棕色的小丸球，这种小丸球含有45%的鱼肉和25%的鱼油。在美国，大马哈鱼非常流行，加拿大一半以上的产量都运往美国销售。

鱼类的转基因工程

转基因工程的大马哈鱼在世界各地的养殖场被人们生产。对于北大西洋大马哈鱼的转基因的一种观点是比典型的大马哈鱼的产量高出7倍。另外，这类鱼对于潜在的同伙来说要比经过转基因的大马哈鱼类更具有吸引力，所以产量会更高。

转基因鱼类、动物不止拥有一个生物的基因。目前，美国食品药物协会经过仔细的判断后已认可了这种产品。有几种实验性的转基因鱼已经用于研究开发。转基因大马哈鱼的细胞就包括了齐努克大马哈鱼的基因，这种基因能提高鱼类体内分泌出的荷尔蒙数量，而荷尔蒙分泌速度的增长加速了生物器官的发展，这样对于大西洋大马哈鱼来说就可以刺激它比正常的种类生长更快。对于养殖者来说，这样的基因可以使鱼类的生长速率比以往更快。因为其能够用更少的鱼食来生产更多的鱼。此项工程的拥护者们的解释是转基因鱼能够为消费者提供更健康的食物，而且又能够以不干扰野生大马哈鱼数量恢复的方式来养殖它，并获得丰收。为了阻止转基因的鱼和野生鱼群交配，开发者们只能使用不育卵。

反对者们认为转基因大马哈鱼威胁到了野生的数量，许多人指出如果经转基因改变的鱼从养殖场中跑出，那将会威胁到自然界中野生的鱼，甚至能导致它们的灭绝。一部分人对此表示忧虑，但也不排除一小部分的育卵也许也含有产卵的可能。

转基因的大马哈鱼只是人们在开发下的几种转基因鱼的一种。大约有24种经深入研究后的不同类型的转基因鱼和贝壳。在大多数的情况下，改变基因的目的就是要提高鱼的增长率和使它们能够抵御疾病。鲍鱼、牡蛎、条纹鲈鱼、彩虹鳟鱼、鲶鱼和罗非鱼都是在转基因的实验和研究中所使用过的鱼类。包括北大西洋大马哈鱼在内的其他种类的转基因鱼被输进了一种能够忍耐寒冷的基因，同样方法它也被输进了彩虹鳟鱼那种增强疾病耐性的基因。转基因条纹鲈鱼包含了从昆虫身上提取的可以提高抗病能力的基因，而转基因印第安鲤鱼则接受了人类荷尔蒙增长的基因。

海洋养殖问题

尽管海产养殖提供了一些办法来增加正在逐渐减少的海洋动物种类，但对于过度捕捞所导致的问题还不能够完全解决。在许多方面，海洋养殖产生了一些问题，这些问题和它想要解决的一些问题刚好相似。

鱼类养殖场所饲养的生物在无法在海洋中自主捕食后就必须人工喂养。虾和大马哈鱼都是肉食动物，被囚禁的鱼群们被喂以含有鱼肉和鱼油的野生捕捞的鱼食。所捕捞的鱼类是要供应市场的虾和大马哈鱼的数量的三倍。这就是说，要让人工养殖的大马哈鱼和虾替代野生鱼类，人类要投入大量的精力和财力。

养殖鱼和虾的围栏周围汇集了大量的粪便、吃剩的食物和围栏内的死鱼。这些富含氮和磷的生物大量进入到生态系统中。尽管这些只由海产养殖所产生的营养物质的浓度还不至于导致富营养化，但是营养物是有选择性的，并且所有的促成物各不相同。

在对北欧各国大马哈鱼养殖的研究中，研究人员发现由养殖所排泄出的氮相当于一个3 900万人口的城市所产生的污水中所含有的氮量。另外，需要来保持所饲养作物的健康，所使用的杀虫剂和抗生素也都是要排放到海洋中的。

一些海洋活动的进行都是以牺牲原有海洋生物栖息地为代价的。举个例子，在泰国，人们把红树林砍伐掉来建立养虾的池塘。在正常的情况下，红树林能够帮助将土壤微粒固定在一起，并为各种各样的动物创造了栖息的场所。许多珊瑚礁附近生长的红树林存在使珊瑚礁免于受到能够导致动物窒息的泥沙和沉积岩的危害。目前，红树林数量的流失是泰国一个很严重的环境问题。

结　语

在过去，鱼类仅为沿岸地区的居民食用，但是今天海洋渔业已经发展成国际化的公司了。随着公众认识到吃鱼对健康有益，对鱼的需求量也就持续升高。在世界某些地方，鱼群被过度的捕捞，来满足消费者的需要。现代的捕鱼技术使渔民对海中几乎所有种类的鱼进行大规模捕捞的梦想变为可能。

技术的改进必然带来捕鱼技术的提高。到20世纪90年代中期，大型的渔网捕鱼可以高效捕捉数千吨想要的鱼，同时也会有几乎同等数量的附带的捕获量。为了防止大量的海洋生命的损失，大型渔网捕鱼的方法已经被宣布为违法的，流刺网的捕鱼方式也同样被禁止，因为它们使海龟、海鸟和哺乳动物陷入了危险之中。长线多钩钓鱼和捕捉器的方法是只能捕捉到少量战利品的传统捕鱼方式。

在许多海域，如新英格兰沿岸地区，有几个种类的鱼已经被彻底捕光了，该地区的整个食物链也被干扰，而鱼群的数量再也恢复不到以往的规模了。

比如，从1978年开始，乔治湾的鳕鱼数量减少了77%，当这些鱼群和其他种类的动物数量相当小的时候，就不会有足够多的可生育的成熟体来补充逐渐减少的数量。

海上养殖是在人为控制的情况下饲养鱼类、贝类和海草，它是一种可以不用减少海洋生物就能够填补日益增长的市场需求的技术。目前，牡蛎、虾和大马哈鱼是几种被养殖的种类，今天海洋食物1/3的市场需求都源自海上养殖的产品。

海上养殖技术也存在自身的生态问题。从粪便和那些已经没有用了的鱼类食品所产生的氮进入到沿岸水域的现象，造成海洋污染的恶果。所养殖的哺乳动物，如虾和大马哈鱼的消耗量是捕捞的野生鱼群数量的三倍。尽管这种养殖法会在未来扮演着重要的角色，但是这项活动仍然处在起步阶段和需要解决一些关键问题的进程中。

全球人口的数量在上升，海产品这种可持续资源还会继续增长。在许多方面，海上养殖对沿海区域处在危险中的野生鱼类的安全保护带来了希望。同其他的农业形式一样，成功的海上养殖必将在最低限度破坏环境的条件下，提供给人们更安全的海洋食品。

四 人为因素导致海洋气候的变化

海洋和大气是通过海面将两者的连接层相互联系的两个环境体系统，是互动的，因此自然因素和人为因素对任意一个环境系统造成的改变，必将引起另一个系统的改变。人们通过改变地表温度，引发了恶劣气候，破坏了脆弱的珊瑚礁生态系统，增强了对地球有害的辐射和改变了正常的云量形态，干扰了两个环境体系统的正常功能，并不断对它们造成负面影响。

海洋对全球气候的影响是十分巨大的。与大气一样，海洋可以重新分布地球的热量。因为水储存热量的能力比空气和土地更强，因此海洋可以储存太阳辐射的热能，然后将之释放到不同的位置。在夏季中午阳光充足时，海水开始吸收热量；到了夜晚或寒冷季节，热供应不足时，海水则开始释放热能。

当太阳照射到海洋时，并不是所有的能量都被储存；一些能量用于蒸发。蒸发是使液体转变为气体的过程，需要消耗热量，因此降低了空气和海面的温度。这种蒸发后的气体会形成云雨层，并且把多余的水蒸气排放到空气中，提高地球的温度。当水蒸气液化后热量会被释放。这些热量被重新投入循环中去，因此液化过程会放热。通过冷凝产生的热能使空气温度升高，从而形成气流。

除了进行热能储存和释放，海洋还进行碳、氮、硫等维持生命的元素的循环。二氧化碳通过在水中溶解，以及被浮游在水面的浮游植物和微小的类植物生物体吸收这两种方式溶入水中。浮游植物的数量非常巨大，使得这些生物体进行的光合作用量是地球上最多的。它们在进行光合作用的同时，将二氧化碳转化为含碳的食物分子。浮游植物将氮和硫等元素摄入体内，来使细胞增长。在细胞死后，生物体将这些元素重新排放到环境中。

全球变暖现象

人为因素导致的全球气候系统变化中最严重的就是造成全球气温上升，也就是我们所说的全球变暖现象。在过去半个世纪的时间里，地表的平均温度增高了0.6℃。全球变暖现象是由一系列的工业农业活动造成的。

造成全球升温的罪魁祸首是发电厂和机车中矿物燃料的燃烧。矿物燃烧后产生的气态产物加厚了气层密度，气层中含有的水蒸气、二氧化碳和甲烷吸收热量，并将其困于地表附近，从而导致温室效应的产生。

温室效应，如图4.1所示，是一个演变了数百万年的过程。如果没有这些导致温室效应产生的气体，那么如今地表的平均温度应该是–18℃,而不是15℃。当太阳光穿过地球大气的混合气层后会产生多种现象：超过1/4(26%)的太阳光会被云层反射回去；大约19%的太阳光将被臭氧层、水蒸气和空气中的粒子吸收；55%的太阳光能够到达地表，而其中的4%将返回宇宙中；实际留下的51%的热量将被用来维持陆地、海洋和空气的温度。

当温度升高以后，地球开始从地表向太空散发能量。但只有很少的能量可以到达太空,大部分都被导致温室效应的气层阻隔住。气体层吸收这些热量后温度上升，然后重新向地表散发热能。这样地表再次吸收从气层中返回的热量，温度再次升高，然后再次散发出更多的热能。热能就这样在地表和气层间循环流动，从而使地球的能量系统保温。

温室气体所吸收和反射的能量取决于大气层中这些气层的密度。地球漫长的生命中绝大部分时间里，气层的密度都是稳定的，因此地表的温度也一直很稳定。但自工业革命（大约公元1700年）开始，人类活动导致气层密度迅速增加。1700年之前，大气中二氧化碳的含量约为280 ppm（ppm，百万分之），但如今的含量已上升到360 ppm，增长了近30%。

甲烷，另一种导致温室效应产生的气体，在大气中的密度同样增长。自1750年后，甲烷的含量增长了140%之多。稻田甲烷的产生是甲烷的主要来源。全球大米种植量的90%在亚洲，3.2%在拉丁美洲，2.1%在非洲，2.5%在世界的其他地方。因为稻田被洪水席卷过后，形成类似自然的沼泽地段，在浸水

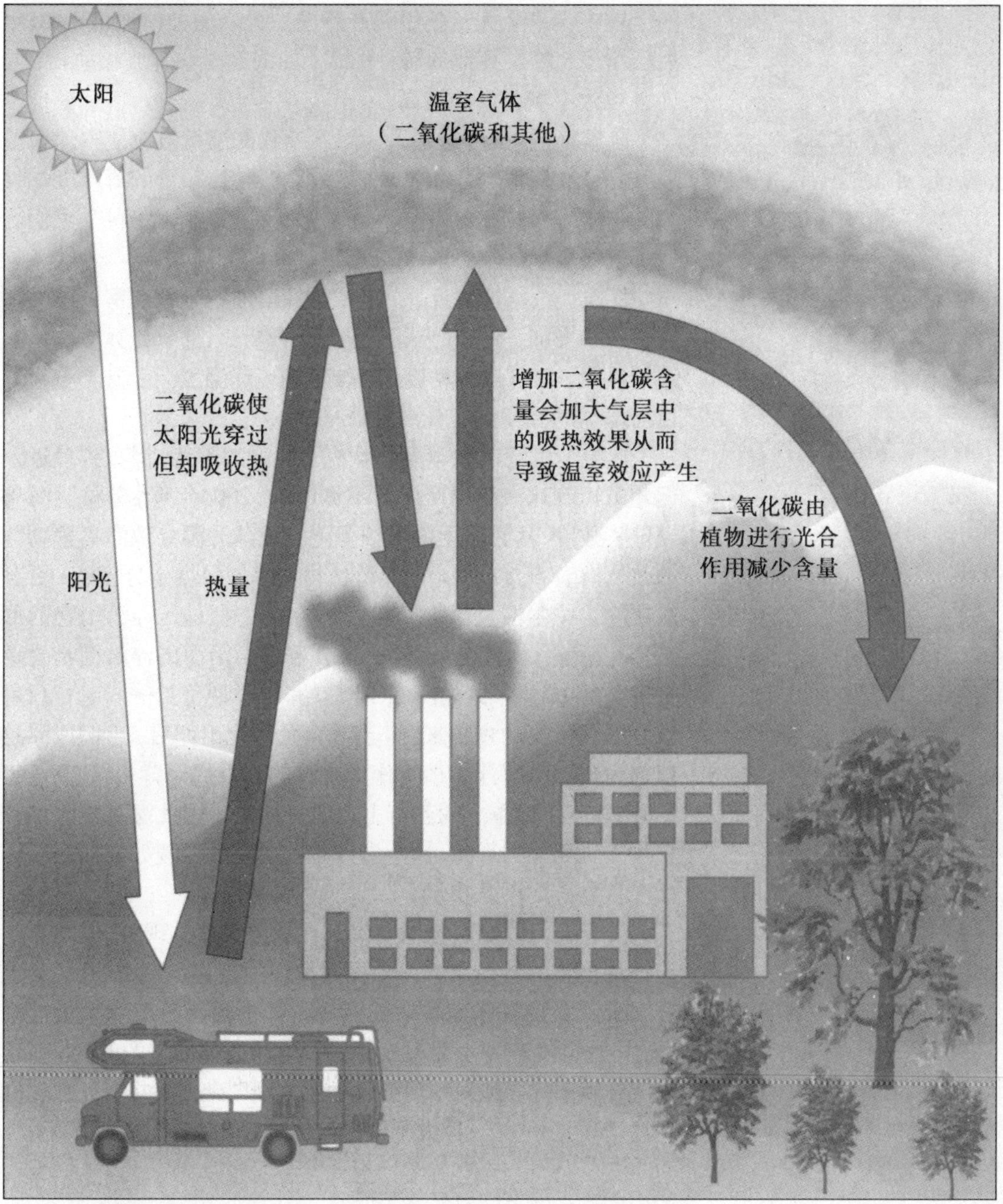

图 4.1　大气中导致温室效应的气体层中的二氧化碳将热量阻隔在地表附近。

的土壤中会产生大量的甲烷产生菌。大米的种植量自1950年后猛增了50%。其他的耕种形式，如饲养温顺的放牧动物，同样也导致甲烷含量的增高。

科学家们担心，这些人为因素导致的温室效应使得地表温度升高后会对海洋气候造成负面影响，导致频繁的海洋极端气候的产生。为了分析和推测全球变暖带来的影响，科学家们制造了气候环境的模板，来对未来气候进行预测。

将模板数据输入计算机中，推算出随着导致温室效应的气层密度的增加，到底地球温度能有多高。大部分计算机的推测结果显示，若气层的密度增加1倍则地球温度会上升1—3℃。目前地球的温度已经升高了0.3—0.6℃。

自半个世纪前地球温度就有了上升的趋势，但直到最近人们才意识到这一结果产生的不良影响。2004年春，苏格兰海鸟繁殖失败。海鸟繁殖上的可怕变化与地球升温导致海鸟食物链的改变有着直接的关联。浮游植物对水的温度十分敏感，更喜欢在冷水中生活。当海水温度上升后，一些地区浮游植物的形态会逐渐缩小，直至全部消失。在苏格兰沿海的浮游植物含量自过去的10年来开始不断下降。一种小型鱼类——毛背鱼是该区海鸟主要的食物来源。当毛背鱼孵化出卵后，它们以浮游植物为食。没有浮游植物作为食物的幼生代毛背鱼仅2003年冬—2004年春季之间就有上百万只死亡。因此海鸟也因没有食物来源而无力繁殖。这个事件是关于全球变暖如何彻底破坏一个食物链的可悲实例。

没有人可以确定全球变暖都可能出现什么现象，但科学家们推测出了一些结果。海平面因冰川的溶化，到2100年会上升1米。在没有冰面覆盖的极地海洋中的浮游植物数量会增加，导致空气和海水的温度变化和海洋循环形态的改变。海水温度升高同样导致对水温变化敏感的珊瑚礁的大规模死亡和厄尔尼诺现象——一种太平洋的气候形态的改变。

厄尔尼诺现象造成的影响

人类行为导致的海洋大气变化会改变典型的气候模式。其中最明显的改变是厄尔尼诺，一种打乱太平洋热带地区海洋大气系统的现象的出现。厄尔尼诺是能导致全球气候异常的极有影响力的气候。因此科学家们通过研究过去发生的厄尔尼诺现象，来推测将来的气候条件会是怎样的。

地理迹象显示，厄尔尼诺现象已经存在了数千年，自然发生的周期是2—7年一次。在厄尔尼诺现象产生后，导致海水大范围升温，比平时升高0.5℃，通常于圣诞节前后（厄尔尼诺在印度语里的意思是孩子，意指上帝之子）出现在厄瓜多尔和秘鲁海岸附近。高温现象通常持续3个月以上的时间，因为本该经过太平洋热带地区的信风通常会减弱或消失。有关厄尔尼诺现象的细节在插图C－5下图中列出。

厄尔尼诺现象导致海面温度升高，从而加快海面水蒸气的挥发，从海面上产生了大量的水蒸气和热能。同时导致海面上的气压不稳的现象叫做南巡现象。我们把上述两种共生现象叫做厄尔尼诺南巡现象（ENSO）。厄尔尼诺南巡现象改变气流的移动并改变全球气象变化。

全球升温现象大大增加了厄尔尼诺南巡现象发生的频率。为了准确预测厄尔尼诺南巡现象的发生，温度计和其他信息收集装备被分放在海中的浮标上，如同插图C－6上图所示。科学家们证明了地表温度上升会导致厄尔尼诺南巡现象产生并造成降水明显增多，暴雨不断，使一些地区洪涝成灾，另一些地区则产生长时间干旱。厄尔尼诺南巡现象对海面产生的影响已经众所周知，但科学家们刚刚开始了解到其造成的其他后果。

因天气条件与海面的联系密切，因此在深海发生的厄尔尼诺南巡现象的影响被认为是最小的。亨利·鲁尔和其他加利福尼亚拉荷亚科里普斯海洋学院的学者们发现了截然相反的证据。他们发现气候的变化同样对深海生态系统造成影响。通过14年来对水深4 100米处生物的观察，鲁尔和他的助手们发现厄尔尼诺南巡现象对海底生物造成巨大的冲击。在这些气候的扰动中，埃尔皮德亚海参，一种身体颜色与沉积物一样的海参，是该水域的主要生物。这种海参是管状的海星近亲，依靠着吸收上层有机物作为主要食物。在厄尔尼诺南巡现象威力最大的1997—1998年间，引发食物链变化，使新的千日红白海参，一种白色海参被引入该水域，而埃尔皮德亚海参几乎消失。这个研究结果表明海中各部分的联系也许比我们认为的还要紧密，而关于厄尔尼诺南巡现象的后果还有待科学家们加以探索。

珊瑚礁的死亡

作为世界上一些最多产的生态系统——珊瑚礁为数以百万计的独特生物提供着栖息地。礁石，作为大型复杂生态系统的基础成分，是由上百万的微型珊瑚生物的残骸堆积而成。每个生物都长有钙化碳酸盐的骨骼以自保。

珊瑚虫是通过触须中的含毒的刺细胞来捕食猎物的肉食动物。在热带地区，绝大部分种类的珊瑚虫依靠着一种叫做虫黄藻的寄生植物为生。虫黄藻生长于珊瑚虫中，通过光合作用获得养分。一些养分从虫黄藻的细胞中排放到珊瑚虫组织中去。因此，热带珊瑚礁通常于虫黄藻生长的浅水中发现，因为在清澈的浅水中虫黄藻可以更好地吸收阳光，以进行光合作用。

当水温升高，居住在珊瑚中的虫黄藻会离弃它们的主人。而失去海藻就意味着珊瑚虫失去了它们的主要养分来源。若水温可以在数天内恢复正常，那么大部分的珊瑚虫还可以幸免于难。但如果高温情况持续数周甚至数月后，珊瑚虫就会相继死去。温室效应产生的高温对热带海洋环境的影响比其他任何水体都要大。当地表的平均温度仅为0.6℃时，热带海洋的温度已高达1℃。

时而发生的珊瑚礁白化现象距今已为人类关注了千年之久。然而厄尔尼诺现象却导致了大量珊瑚礁的白化。几起为人们所了解的最早的珊瑚礁白化现象发生在1987—1990年。随后发生在1998—2002年间的珊瑚礁白化现象更加严重。在上述两次随着厄尔尼诺现象发生的珊瑚礁白化现象造成的破坏是毁灭性的。在1998年温度高达1℃,60个国家海域中的珊瑚礁遭到破坏。其中受到打击最大的海域是印度洋，有超过70%的珊瑚礁死亡。2002年南太平洋珊瑚礁在水温升高至2℃时的数量损失最为庞大。大堡礁与其他纵贯蜿蜒于澳大利亚的珊瑚礁遭到严重的白化，高达90%的珊瑚礁死亡。

这些人类行为导致的气候和其他环境的变化加重了对珊瑚礁的冲击。全球变暖现象导致频繁的暴雨同样破坏着珊瑚礁，强大的冲击力将珊瑚礁打碎。全球变暖造成一些地区的降雨量过大，从而将大量的沉积物冲入珊瑚礁附近的水域中。大量的沉积物将水变浑浊，从而导致光合效果减弱。此外，大气中的二氧化碳等气体的含量过高也改变海水的酸性。在水表层，二氧化碳气体溶解于海水中，产生碳酸。随着海水酸性的上升，珊瑚虫分泌钙质外骨骼的能力会受到削弱，因此海水的酸性越大，钙质骨骼的形成速度就越缓慢。

海洋污染是珊瑚礁生存的另一大威胁。在珊瑚礁生长的海岸上，住宅和商业性建筑的建造完成后，大量的污染物也随之而来。污水和肥料的注入使得海水中含有的营养物增加，使海藻疯狂增长，而导致珊瑚礁生活的动物和藻类生存空间的消失。所有这些问题都威胁着珊瑚礁的生存，使得珊瑚礁不断白化而死亡。

海洋碳循环的极限

海洋在全球天然碳循环中起着极其重要的作用，帮助调节大气中二氧化碳的含量。空气中的二氧化碳通常来自多种渠道：生物进行呼吸作用后产生二氧化碳，火山喷发过程中产生二氧化碳，生物体腐烂过程同样产生二氧化碳。

尽管二氧化碳产生于多种自然变化中，但二氧化碳最大的制造者是人类，人类通过燃烧木材或矿物燃料等行为制造大量的二氧化碳。燃料燃烧产生的二氧化碳占据了大气中二氧化碳含量的65%。如此高的含量已然超过全球碳循环所能承载的极限。

海洋是地球循环系统的一部分，用于维持大气二氧化碳含量的稳定。海洋通过三种途径来改变二氧化碳含量：浮游植物和其他绿色生物体的吸收、海洋动物壳的形成和沉积物的结合。这三种途径使得海洋成为世界上最大的碳储存地。

浮游植物对大气和海洋中的碳含量有着巨大的影响。大气中的二氧化碳扩散到海面上为浮游植物吸收，转化成养分。通过这种方式，浮游植物不断地将水面上空气中的二氧化碳吸收，以控制大气中二氧化碳的含量。当微生物死亡沉入海底后，大部分开始腐烂，这一过程重新在深海中释放了二氧化碳。动植物的腐化过程提供给深海大量的二氧化碳。海洋碳循环过程在图4.2中列出。

一些海洋生物通过吸收二氧化碳来生成它们的壳或骨骼。蛤、牡蛎和贻贝就通过吸收碳酸盐和重碳酸盐来制造出多种多

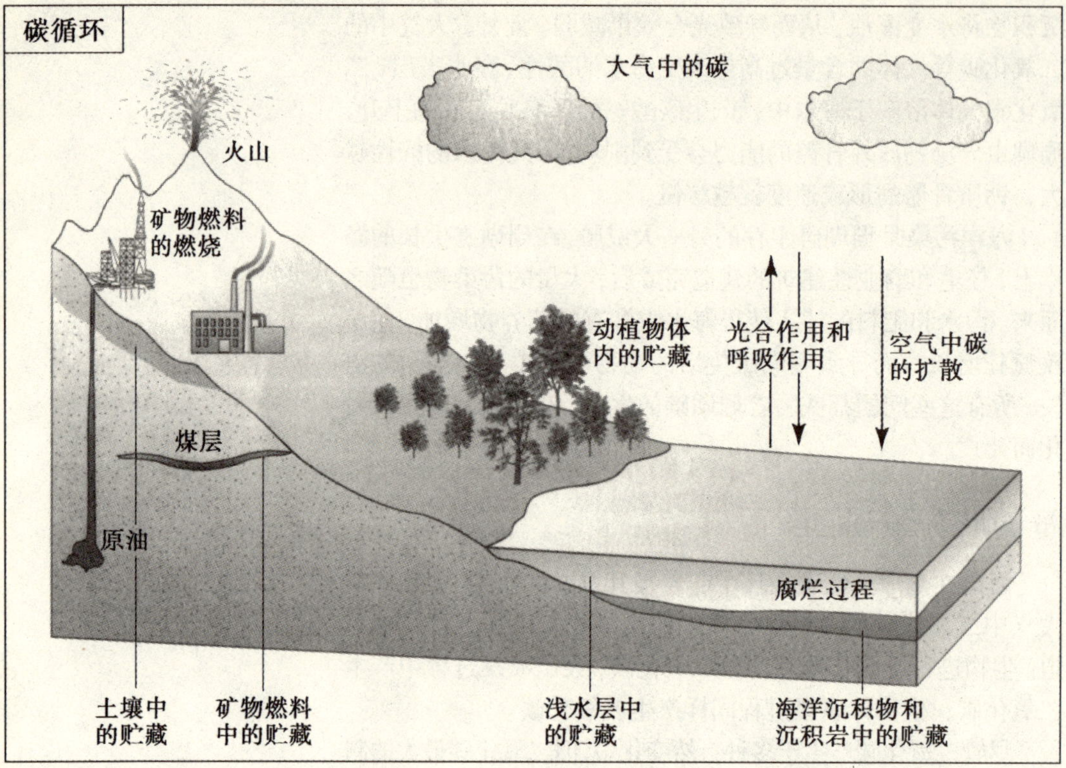

图4.2 碳环绕地球进行循环。由生物呼吸、钙化岩石的侵蚀和矿物燃料的燃烧产生的碳被海洋吸收。海洋通过光合作用、石灰石沉积岩的形成和动植物的贮藏来吸收碳。

样的壳。当这些生物体死亡后，它们同样沉入海底，并将贝壳中的碳释放出去，重新进入循环。珊瑚虫也用一种类似的方法构建它们的外骨骼。当珊瑚虫死亡后，它们的骨骼保留了下来，为其他生物体提供住所。

当生物体死后，它们大部分的软体部分开始腐烂。然而，若生物体的残骸沉入到浅海的海底中，它们就会溶到沉积物中，形成沉积岩。这种石灰石（沉积岩）的形成过程会间接吸收大气中的二氧化碳。碳在石灰石和其他沉积物的溶解过程是一个缓慢的可循环过程。这些沉积岩受到侵蚀后将二氧化碳重新释放到大气中，用以补充光合生物造成的损失。

除了这种自然循环系统的平衡，海洋并不能全部吸收由人为因素，如矿物燃料的燃烧产生的大量二氧化碳。一些研究者们开始寻求增强海洋存储二氧化碳能力的办法，已有的两种办法正在考虑中。其中一种是增强指定地区浮游植物的生产力，因为这些绿色生物体通过吸收二氧化碳制造食物。海面中的浮游植物已经吸收了上百万吨的二氧化碳。实验表明通过向海水中注入铁的补充物，可以提高浮游生物的增长率，从而增长了二氧化碳的吸收。当生物体死亡后，碳随着尸体沉入海底。

另一种办法是以氢氧化物，含有水分子的固态或半固态化合物的形式在深海中储存二氧化碳。为了检测这个方法的可行性，研究者们向深海中注入二氧化碳。在深海中极大的压强作用下，二氧化碳注入深海中，形成了氢氧化物，膨胀成为一种含有二氧化碳的半固态球体。至此证实，深海是在人们想出一个一劳永逸解决这个问题的办法前绝佳的二氧化碳储藏地。

在这两种办法实施前，还要经过大量的实验。我们需要谨慎考虑因增加浮游植物的数量而可能造成的其他后果，以及带来的影响。氢氧化物的引入也同样会对深海环境造成其他变化。在上述两种情况中，采取任何行动前都要考虑好所产生的长远后果以及它所带来的利与弊。

臭氧层空洞

尽管二氧化碳含量对于浮游生物的生存非常重要，但另一个人为的大气危机——臭氧层空洞同样影响着它们的生存。臭氧层是介于地表和大气间的气体层。占地球臭氧含量中10%的臭氧表层被汽车、工厂、精炼厂和其他形式产生的废气严重的污染。超过90%的臭氧存在于大气的平流层中，在这里臭氧过滤掉来自太阳光的紫外线辐射，保护着生物的健康。紫外线的辐射可以破坏细胞，削弱它们的功能，甚至导致DNA的变异，这些对生物体来说都是极度有害的。对人类来说，由紫外线造成的变异会导致白内障和皮肤癌发病率的上升。

在过去的半个世纪里，臭氧层被投入到大气中的人造化学物质不断地破坏着。耗氧化学制品（ODCs）是一组含有氯原子和溴原子的化合物，曾被人们广泛用于电冰箱、溶剂、绝缘泡沫胶、杀虫剂和灭火器中。所有的耗氧化学制品都非常易于挥发，一旦挥发到空气中会在2年—5年内缓慢地上升到大气层中。在它们到达大气层后，紫外线将分子结构破坏，释放出具有破坏性的氯原子和溴原子。每一个耗氧化学制品分离后产生的氯原子如氯氟烃都会导致一连串的连锁反应，从而破坏上千个臭氧分子。溴原子的破坏力更为巨大，是氯原子的40倍。

后来通过国际公约逐步停止了耗氧化学制品的制造，同时开始生产这些制品的代替品。科学家们相信，停止向大气中排放耗氧化学制品后，随着残余化学品影响的削弱，臭氧层可以慢慢修复破损的部分，很有可能于2050年恢复到初始状态。

臭氧层破损最严重的区域位于南极洲的上方。每年南极大陆上方的臭氧层含量都要下降50%，甚至产生了太阳光中的紫外线可以直接穿过的空洞地区。南极的臭氧层减少对浮游植物造成影响，从而削弱了光合作用25%的效果。南极洲的浮游植物数量是热带水域中浮游植物数量的1—10万倍，因此它们作为二氧化碳的主要吸收物和食物链的基础，对世界的重要性是不言而喻的。所以浮游生物数量的减少对整个地球产生的不良影响是巨大的。

曝露在紫外线下的浮游植物光合作用效果的减弱有多种途径。浮游植物将自身藏于水中，以光、重力和其他因素为引导，使光合作用效果达到最佳。在实验中研究者们发现，即使是很少量的高强度紫外线，都会破坏浮游植物在水中的理想位置，从而造成光合作用效果的减弱。同样地，紫外线也能摧毁进行光合作用的细胞中的蛋白质。此外，紫外线通过破坏光合生物体内的氮化作用（将大气中的氮转化为生物可以使用的含氮化合物的过程），来影响光合作用的效果。因为氮是植物进行光合作用、生长的基础，因此氮的缺失将导致光合作用效果减弱。

南极洲光合作用的减弱具有更深远的影响。浮游植物作为南极食物链的基础，是小虾小鱼等初级消费者的食物。大鱼和其他二级消费者则以初级消费者为食。同样的，包括鱼类、鸟类和哺乳类动物等三级消费者是以二级消费者为食。浮游植物数量的改变，直接影响着包括海洋中的人类食物在内的无数食物链结构。一个由浮游植物开始以人类结束的食物链在图4.3中列出。

此外浮游植物还可以吸收大气中的二氧化碳。仅仅失去的占全球数量5%浮游植物，每年就可以吸收50亿吨的二氧化碳，相当于全球年矿物燃料燃烧产生的二氧化碳总量。因此浮游植物数量的减少会恶化全球变暖现象及其所带来的后果。

硫循环异常导致的后果

浮游植物在正常的营养物循环中起到的作用是多样而复杂的。作为二氧化碳的主要吸收者，浮游植物在硫循环中同样起

浮游植物

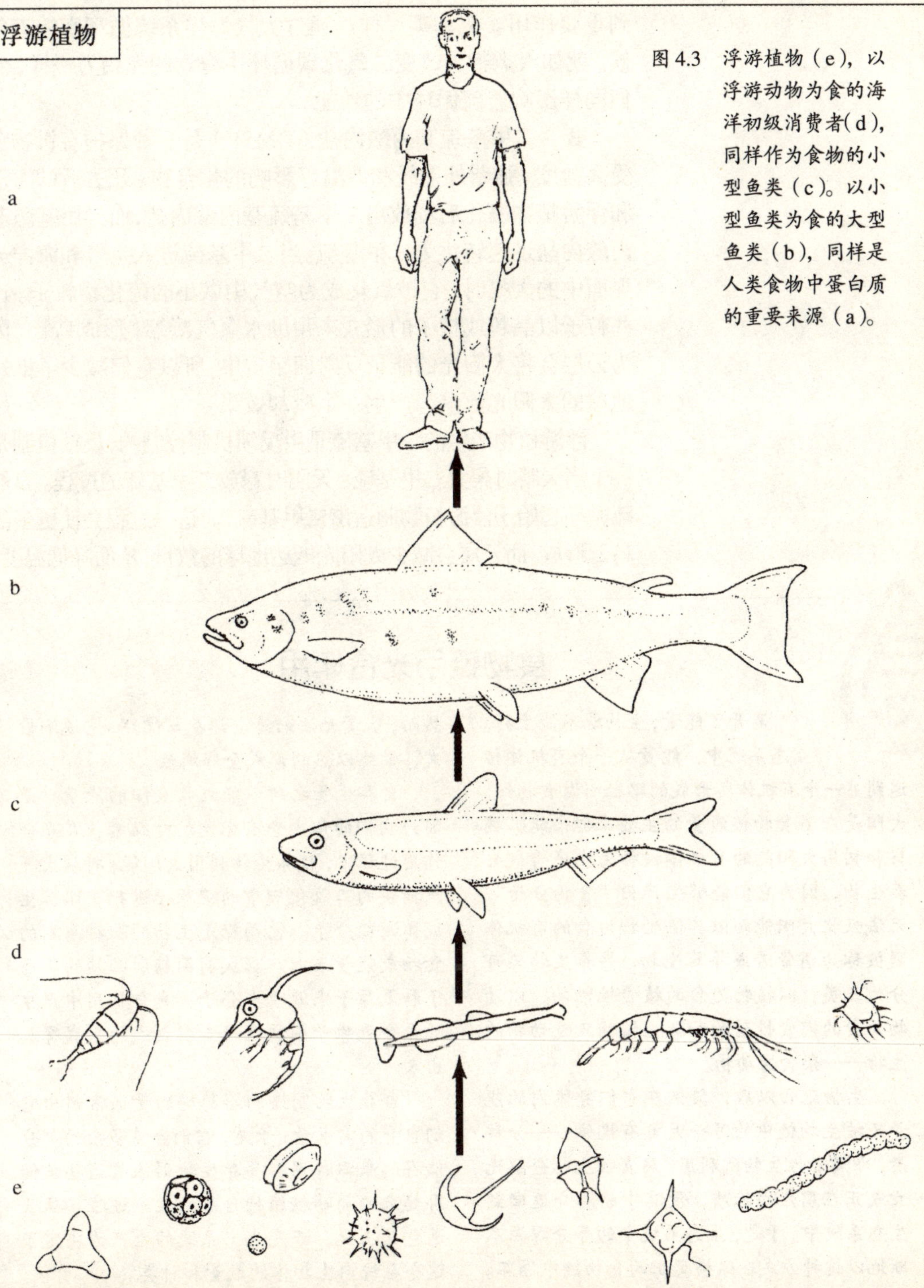

图 4.3 浮游植物（e），以浮游动物为食的海洋初级消费者(d)，同样作为食物的小型鱼类（c）。以小型鱼类为食的大型鱼类（b），同样是人类食物中蛋白质的重要来源（a）。

到重要作用。硫和碳一样，通过大气海洋系统循环影响着气候。就如人类行为改变二氧化碳循环中海洋的作用力一样，它们同样影响着硫循环中的功能。

β－二甲基巯基丙酸内盐（DMSP）是一种保护有机物免受高盐度、强紫外射线和低温等影响的化合物。死去后的海藻和浮游植物腐化后释放出二甲基巯基丙酸内盐，而二甲基巯基丙酸内盐迅速转化为二甲基硫。当二甲基硫进入空气和海洋分界面中的大气时，它被氧化成为空气中微小的硫化物粒子。这些粒子以晶粒或核子的形式来帮助水蒸气凝缩，形成乌云。因为云层会将太阳光的能量反射回宇宙中，所以它们减少了抵达地球的太阳光数量，产生一个冷却效果。

浮游植物产生的二甲基硫是由反馈机制控制的，反馈机制是一个当天晴时聚集二甲基硫、天阴时释放二甲基硫的过程。自然硫循环起始于浮游植物制造出二甲基硫，而这一过程会使更多的乌云形成。而云层会减少太阳光抵达地球的数量，从而降低温度。

食物链与光合作用

离开了能量，生物就不能生存。生态系统中，能量从一个有机体传递到另一个有机体所形成的路径叫做食物链。太阳是众多食物链能量的主要来源。能够捕捉和利用太阳能的有机体被称为生产者或自养生物，因为它们能够生产出“食物分子”。无法吸收太阳能而以其他生物为食的有机体则被称为消费者或异养生物。异养生物又可分为三类：以植物为食的植食性动物、以动物为食的肉食性动物和既吃植物又吃动物的生物——杂食性动物。

生物死亡以后，禁锢在它们身体内的能量又被生物链中的另一大类有机体——分解者，即腐食性生物所利用。腐食性生物分解死亡或正在腐烂的物质，使其中的养分返回到生态系统中。于是，生态系统中的养分源源不断地以这种方式在纵横交织的食物链中循环。然而，能量无法始终全部参与循环，它逐渐散失，最终以热的形式全部消散。

自养生物之所以能吸收太阳的能量，是因为它们的体内含有绿色的叶绿素，在光合作用过程中，自养生物利用太阳能，将从大气里捕获的二氧化碳中的碳原子进行重组，生成葡萄糖分子。葡萄糖是生物的一种基本的食物或能量来源。形成葡萄糖所必须的氢原子和氧原子来源于水分子，光合作用中产生的盈余氧原子则被生产者以氧气的形式释放出来。

自养生物制造的葡萄糖的量通常超出它们自身的需求量，于是，它们会将多余的部分储存起来以备用，异养生物则依靠这些被储存起来的葡萄糖维持自身的生命过程。从长远意义上说，正是生态系统的生产力决定了这个系统内生物体的数量和种类。

减少太阳光同样意味着浮游植物的生物进程减慢，减少二甲基硫的产生量。当二甲基硫的产生量下降后，乌云的生成率也随之降低。

因为二甲基硫的产量与太阳光的量有关，因此夏天比冬天产生的二甲基硫要多。非常相似的是当臭氧含量降低，紫外线辐射增强后，二甲基硫的产量也同时升高。因此，当南极洲的臭氧含量由于耗氧化学物质的使用而减少后，使得浮游植物遭受的紫外线照射强度加大，从而导致二甲基硫产量升高，刺激了更多乌云的形成。科学家们目前仍不能确知硫循环异常导致的所有后果，但他们相信这一改变会影响地表的温度情况。

寻求解决方案

为了避免与气候相关的海洋大气系统受其影响而遭到破坏，科学家们认识到，必须了解这个系统是如何运作的，并找到最受威胁的地方。这种了解是通过观察、探索、实验、研究来自于不同学科的研究者们的共同努力的结果。以往大部分的实验都是通过海岸监测电台和在船上来完成的。捕鱼网、钓钩和拖网被用来捕捞海洋生物的样本。然而潜水艇的发明为海洋研究带来了重大突破，使得科学家们研究水下环境的愿望变成现实。

潜水器，一种可遥控、无人驾驶的小型水下研究船，将科学家们带入了前所未见的深海景观中去。1960年，“里雅斯特”号密封球形潜水器搭载着瑞典和美国的科学家到达了世界最深处——马里亚纳海沟，创造了新的人类潜水纪录。1977年，“阿尔文”号潜水器再次搭载着美国科学家来到深海底层，并发现了在深海热泉喷口附近生活着的独特的生物群体。“阿尔文”号（插图C－6下图所示），目前仍为伍兹霍尔海洋研究所使用。经过40年的发展，小型潜水器被设计成可以搭载一名潜水员和2名科学家。来自国家科学基金会、美国海洋和大气管理局和美国海军的科学家们仍在研制可以携带更多人员、潜水深度更大、水中停留时间更长的新型潜水器。

目前已知的大部分海洋环境信息都是对长时间收集到的点滴的数据分析得来的。但迄今为止，尽管有超过40个独立的地方数据收集系统和上百个遍布全球的小型特殊的数据收集站，但是都没有一个全球性研究海洋大气的数据收集系统的存在。其中一个类似的地方系统是大西洋东南沿海海洋观测系统(SEACOOS)。与许多其他地方系统一样，SEACOOS通过从多种海洋资源中获取的信息来研究临近海域的生态环境。这些信息用于分析美国东部海岸的气候环境图。许多SEACOOS的关键性监测电台都是在大陆架附近，在美国海军建造的用于训练目的的喷气式战斗机监测站的基础上改建后得来的。每隔6个月，超过15个建在这些建筑上的监测电台，就会测一次包括空气温度、海水温度、大气压和风向在内的数据。同时，深水摄像机提供给人们鱼类生态环境的照片，以便他们了解鱼类的迁徙情况。

2005年，包括美国在内的50多个国家参与了一个新计划——多系统的全球地球观测系统（GEOSS）。这个系统将会在全球沿岸和海洋生态系统中收集并整理信息。这个自10年前就开始的计划将会通过上百种的信息源收集信息，包括卫星、大陆气象局、海洋调查平台、移动浮标数据收集电器航行器等。这些数据可以即时传送到陆地，使科学家们每分钟都可以收到来自天气条件、空气污染、海水温度、地震和其他统计数据。通过使用多系统的全球地球观测系统收集来的数据，使科学家们可以更加准确的预测天气情况，提高预测风暴的准确性。多系统的全球地球观测系统同样可以帮助那些致力于监测海洋资源、维持沿海生态系统平衡的科学家们。一旦开始运作，多系统的全球地球观测系统可以对地震示警，如2004年12月26日发生在苏门答腊岛北部和印度尼西亚西海岸的地震。这场高达9.0震级的地震引发了毁灭性的海啸，造成印度洋沿海超过20万人丧生。

在美国海洋和大气管理局中工作的科学家们，在太平洋中建立了一个类似于GEOSS计划的一个小型系统。这个太平洋海啸预警系统（TWS）是由26个成员国组建的。通过夏威夷依瓦海滩的预警中心，科学家们可以预测从阿拉斯加沿岸到美国西海岸及至整个太平洋海域的地震情况。太平洋海啸预警系统并未在印度洋设观测站，因此未能预测出印度洋发生的海啸。

结 语

研究最为广泛的是厄尔尼诺现象，一种发生在太平洋中、造成水温异常的季候性干扰气候。尽管厄尔尼诺现象已发生了千年之久，但由于20世纪的水温上涨而使其造成的影响更加的恶劣。在过去的20年间，厄尔尼诺现象导致了频繁的暴雨以及一个半球雨水不断，而另一个半球干涸炎热的现象。

由矿物燃料燃烧导致的全球变暖现象助长了厄尔尼诺现象产生的影响。大量燃料燃烧产生的二氧化碳排放到大气中，使其超过了海洋大气系统的净化能力，从而导致大气层中的二氧化碳含量过高，和其他气体混合成的气层使得地球吸收的热量加大。此外，随着厄尔尼诺现象使海水温度不断升高，造成了如食物链断裂、海平面上涨和珊瑚礁死亡等更加深远的影响。

热带珊瑚礁对于水温的变化十分敏感，一旦水温过高、持续时间过长，这些珊瑚礁就难逃一死。而当海水变暖后，居住在珊瑚虫体内并为其提供营养的虫黄藻，便会脱离它们的寄主独自生存。而失去虫黄藻对于珊瑚虫来说，等于失去了主要的食物，这无疑是致命的。又因为虫黄藻对于珊瑚形成独特的颜色有关，因此这一事件也导致大量珊瑚礁白化现象的产生。

浮游植物通过吸收大气中的二氧化碳，从而减弱全球变暖的趋势。生物体中的碳在通过海洋大气循环系统中时，要么像蛤类等长有贝壳动物一样溶解于海底，要么在海底形成石灰石般的沉积岩。科学家们通过实验，打算将大气中多余的二氧化碳储藏在海底。

在南极洲，平流层中臭氧含量的减少与浮游植物产量减少了25%有着直接的关联。臭氧层保护着地球居民免受紫外线照射的伤害，紫外线直接照射生物体，将会破坏细胞功能，并造成基因变异。耗氧化学品的使用同样也对臭氧层造成了很大的破坏。无论是全球变暖现象和臭氧含量减少造成的浮游植物数量变化，都会对气候产生深远的影响。

为了更好地了解海洋和气候之间的联系，50多个国家参与了一个多系统的全球地球观测系统的信息共享计划。通过这个计划收集到的信息，将会帮助人们更好地预测天气情况。预测未来天气现象需要的因素很广泛。改善天气预测能力，将能更好地保护人们的生命和财产免受潜在危机的影响；更好地改善农业耕作，减少天灾带来的损失；更好地保护海洋环境免受气候变化带来的破坏以及预防因气候变化而爆发的疾病。

五 濒临灭绝的海洋生命

地球上的生物展示了它们在形态上无穷的多样性，以至于到了今天，也只有少部分的生物体为科学家们所知晓。随着生态环境以一个不断加快的速度转变着，很多物种将在人们发现它们之前就已经灭绝。科学家们早在几十年前从热带雨林的变化中就察觉了这个问题，然而他们才刚刚意识到，未知的海洋生物消失的速度也同样可怕。

人类统治地球，并扩张到绝大部分的陆地上居住，占领或毁灭着其他生物的生存空间。人口的增长数量与物种灭绝的数量之间有着直接的关联。因为人类是陆居生物，所以有人可能会认为他们的影响力仅仅会蔓延到大陆的尽头，但他们错了。人类所带来的危机超出了他们的活动区域，影响到了广袤无边的海洋世界。

在海洋中的生存空间无疑是巨大的，是陆地生存空间的千百倍。海洋的三维空间性质为海洋生物提供了从海面到海底，从一个海岸到另一个海岸的生存空间。对于人类来说，海洋中大部分的生活环境是未知的，而且隐藏在其中的生物更是前所未见。

人们对于陆地物种灭绝的威胁比对海洋中的关注要多得多。而对海洋物种，很多人只知道大型哺乳动物如鲸鱼、海豹正濒临灭绝。事实上，那些鲜为人知的小型海洋生物才是构成海洋物种群的主体，而它们也与鲸鱼、海豹一样，处于极大的生存危机当中。为了把公众的关注更多地放在物种灭绝的危机上，很多国家建立了一种标识，如用易受伤的、危险的、濒临灭绝的等字眼来标识不同等级的危险。这类标识将国家和国际的关注带到了这些生物的困境上，随之而来的还有关于捕猎、捕鱼和更多栖息地丧失方面上的保护措施。

多样性的缺失

当一个物种被灭绝，就意味着它从地球上消失了。物种的缺失导致了生物多样性的减少。海洋一向在物种的多样性上十分丰富，包含着比大陆上更多的种群。在生物中，共计有55组主要种群，超过80%的种群中有生活在海洋中的动物，而相比之下，只有50%的种群中有生活在陆地上的动物。一些种群中含有上千种不同种类的有机物。

造成物种多样性缺失的原因有很多。过度捕鱼、混获（非目标渔猎）、捕猎、有毒化学药剂、水污染物增多、栖息地的丧失、侨居种以及由于臭氧层空洞造成的与日俱增的紫外线辐射等等。科学家们预计在不久的将来，全球气候的变化将是导致物种缺失的主要原因。因为当所有地球的居住者彼此联系、相互依存的时候，任何一个物种的灭绝必将引发一系列的连锁反应，从而对其他所有生物造成冲击。

物种的缺失仅仅是种群丧失它多样性的一个途径。多样性的丧失同时可由基因和生态系统方面造成。遗传多样性是由一个物种中的个体上基因单元的数量所影响的。拥有越多的基因单元，这个种群的异变形态就越多。基因是由DNA的分子组成的，并且它们携带着遗传信息一代一代的传递下去。一个拥有着很丰富的遗传多样性的种群比拥有着很贫乏的遗传多样性的种群更能适应不断变化的环境。由此，基因异变给予了种群面对这个转变中的世界更好的适应力。而丧失基因异变能力的种群则变得更加脆弱直至灭绝。

每次由人类造成的环境变异，都会使得不断丧失遗传多样性的种群陷入到危机当中，因为多样性的缺失，使得种群适应环境转变的能力受到削弱。

遗传多样性事关多个方面。一个庞大健康的种群中的个体都包含许多不同的基因，从而使之不断混合成新的基因组合，延续到后代形成它们的多样性。当一个物种的个体数量缩减到很少时，那么这些个体也仅有少量的遗传信息，因此只有少量的基因组合能在世代繁衍中进行下去。从濒临灭绝的困境中解救出来的少量种群，无论从适应力上，还是健康情况上，都无法与繁荣时期的情况相比。它们丧失了原种群的遗传多样性。

每个种群基因的组成都影响着整个生态系统、环境和所有其他在这个环境中生存的居住者。每一个使基因组成减少的变化都将对生态系统造成伤害。此时科学家们无法预测一个生态系统减少遗传多样性的长期后果会是怎样的。因此，他们无法确定海洋生物的灭绝将会对海洋造成何种影响。直至今日的经验告诉我们，仅仅依靠通过有限基因来控制与掌握这种包括基因信息的传递、病毒的复制，以及适应变化等等在内的能力的种群是危险的。

一个多种多样的生态系统是支持物种多样性和一系列生态进程的根源所在。海洋生态系统的组成包括沙滩、珊瑚礁、河床 、火山口等。上述的三种多样性，物种、遗传的和生态系统的，都是极端重要并且相互联系的，都必须在其生态系统中受到保护。

人类因素导致的危机

海洋生物的生存受到了多方面的威胁，而大多数都是直接来自人类的活动。其中最严重的就是包括过度捕鱼和捕猎。过度捕鱼以及随之而来的混获对鱼类数量的增长造成了巨大的压力。

一个新的物种损耗，商业性灭绝的词汇被用来形容那些在数量上戏剧性减少，以至于那些为了商业目的而拼命工作的渔夫们捕捉不到足够数量的鱼和贝类。虽然并不是真正的灭绝，但它们的数量如此稀少，以至于无法再在生态系统中扮演传统的角色了。一些受到过度开采影响的海洋生物包括了鱼类、贝类和海中的哺乳动物。

氧化水和那些含有污染物的水对许多生物体造成了影响，使它们的数量锐减。在这些情况中，某些物种会让污染物壮大从而支配这个区域，改变这些生态系统中所有生物的角色。而这些变化所造成的其他物种的缺失，要远比污染物本身所能造成的影响大得多。

生活环境的破坏对于很多物种，尤其是那些生活在河口、湿地等岸边的物种来说是一个潜在的问题。伴随着海洋养殖业，旅游业而来的商业、居住房屋的建设摧毁了海岸线生物生活环境的完整，并且转变了那里的生态系统。在许多沿海地区，码头的兴建和其他地方海堤和防波堤的建立改变了自然沙

▲ 许多污水中的固体材料通过大型储水池排放出去。
（由破坏评估重建计划办公室和美国海洋与大气管理局提供照片）

▲ 一场石油扩散事件后卡罗来纳州南部海滩上被冲上岸的死蛤。
（由破坏评估重建计划办公室和美国海洋与大气管理局提供照片）

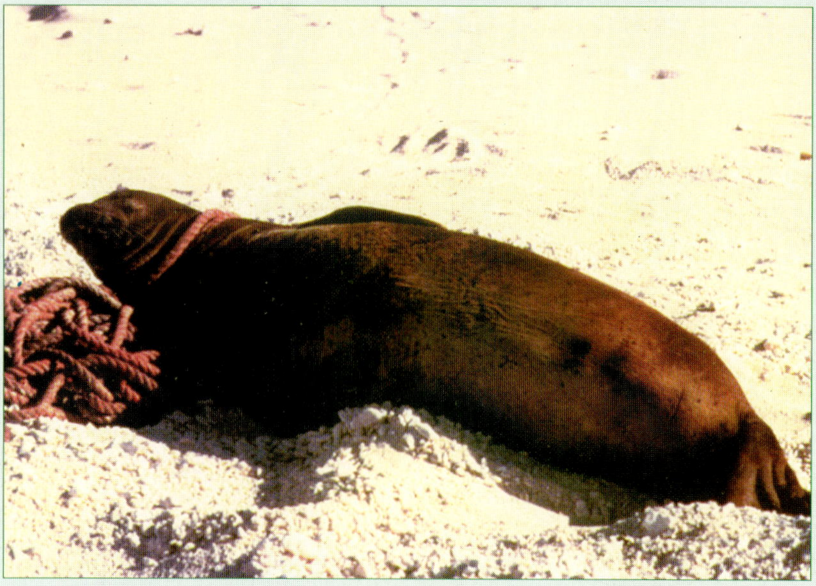

▲ 被绳索绑起的一只夏威夷海豹。
（由渔业委员会和美国海洋与大气管理局提供照片）

▲ 黑足信天翁在吃水面上浮动的垃圾。
（由渔业委员会和美国海洋与大气管理局提供照片）

▲ 一艘捕虾船的甲板上，一名捕鱼者从大量的混获中选出捕获的虾。
（由渔业委员会和美国海洋与大气管理局提供照片）

◀ 一只海龟在被鱼网缠住后淹死。
（由渔业委员会和美国海洋与大气管理局提供照片）

▲ 一个浮台（前景）举起一个被用来圈起鲱鱼群的拖拉大围网。
（由渔业委员会和美国海洋与大气管理局提供照片）

▲ 储藏在船里的鲱鱼将被用于制造宠物食品和肥料。
（由 Bob Williams、渔业委员会和美国海洋与大气管理局提供照片）

▲ 一个刺网正被拖回船上。
（由美国海洋与大气管理局重建中心和 Chris Doley 提供照片）

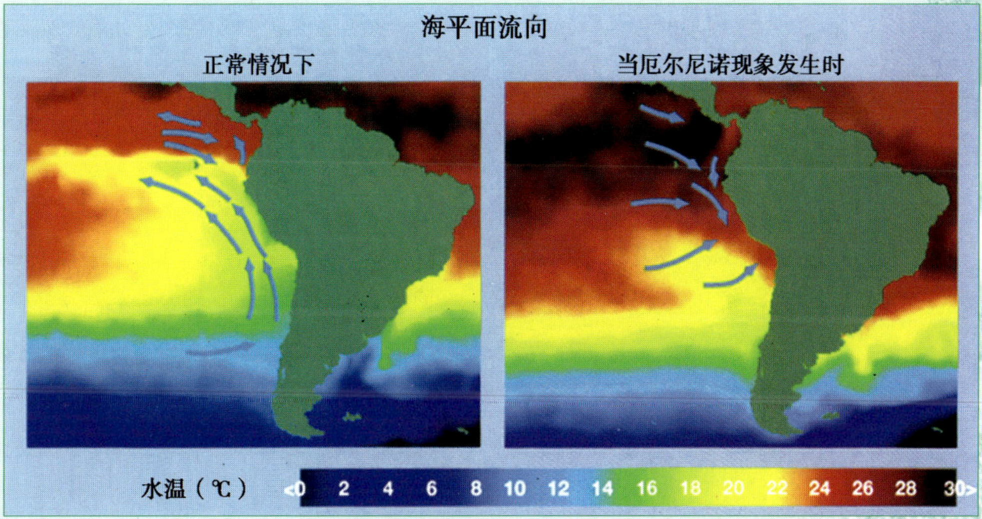

▲ 通常情况下，风是由南美的西海岸开始，将冰冷、营养物富集的水流吹到海面。近年来，风力逐渐减弱而海面温度升高，正是由我们所熟知的厄尔尼诺现象造成的。
（由渔业委员会和美国海洋与大气管理局提供照片）

▲ 为了帮助他们预测厄尔尼诺现象的发生，科学家们通过携带温度计的浮标来监测海洋中不同深度的温度情况。
（由美国水下研究委员会，伍兹霍尔海洋研究院和美国海洋与大气管理局提供照片）

◀ “阿尔文”号是一艘最早的手动驾驶的潜艇，被科学家们用来潜入深海中进行探险工作超过30年。
（由美国海洋与大气管理局船只委员会提供照片）

◀ Pillar coral 的数量正被水污染所威胁。
（由《珊瑚王国选集》、Williams Harrigan 和美国海洋与大气管理局提供照片）

◀ 一个海龟排除器可以让海龟从一个拖网中的开口脱逃。
（由 William B Folsom、国家海洋渔业局和美国海洋与大气管理局提供照片）

▲ 在海岸清洁计划期间，一只受伤的褐鹈鹕从钓丝中被解救出来。
（由美国海洋与大气管理局重建中心和 SE 区提供照片）

▲ 一只被船只引擎中的螺旋桨近距离刮伤的海牛。
（由美国鱼类和野生动物委员会提供照片）

子的分布状况。所有这些建筑都会将海洋生物宝贵的栖息地赶出所在的生态系统。

非自然、外源种的引入会使一些生态系统产生可怕的后果。非自然物种往往是有目的的引进到一个生态系统中，例如，引进一种新品种的鱼以期推动当地的捕鱼业，或偶然间从一艘国际航船的船体上掉落的一只蛤等等。外源种也许对当地生态系统没有影响，但有时它们会破坏生态平衡，造成当地物种的衰落。

濒临灭绝物种保护法

在1962年美国生物学家雷切·卡森（1907—1964）出版的《寂静的春天》一书中，揭示了杀虫剂等化学药剂对自然环境的威胁。卡森和环境教育局的其他负责人一起帮助人们逐渐懂得欣赏自然世界。随着对海洋越来越多的关注，人们意识到海洋是地球潜在的生态系统，而不仅仅是一种资源，并对海洋生物的生长感兴趣。在美国，第一部保护生物生存的法律是1966年的《濒临灭绝物种保护法》。尽管这个立法踏出了正确方向的第一步，但它也仅仅是对自然物种提供了保护。

在1969年提出《濒临灭绝物种保存法》来对《濒临灭绝物种保护法》进行补充。这两套方案对全世界范围濒临灭绝的物种提供了保护。值得注意的是，它同时呼吁了国际会议采用保护组织来保护全世界的物种。在1972年议会出台的《海洋哺乳动物保护法》（MMPA），对哺乳动物和其他产物如避难所及食物，提供了明确的管理和保护措施。

上升到国际高度来看，“世界自然保护联盟”，一个由科学家、政府和非政府组织于1948年建立的组织在1963年提出了一个世界范围的动植物保护方案。经过10年与各国成员间的谈判和协商，一个条约终于被签订。1973年，150多个国家签署了《濒危野生动植物种国际贸易公约》（CITES）。这个条约的目的在于规划野生生物贸易。

最有力的环境法是1973年美国国会编写修正的《濒临灭绝物种保护法》，用来阻止物种的灭绝。随着法案的运作发现，许多物种的濒危和灭绝都是由促进经济增长的措施造成的。法案提出了一项保护受到威胁的物种生存的方法。

《濒临灭绝物种保护法》将这些物种判定划分为濒危的和受到威胁的两类，包括生活环境的改变、过度开采、疾病、掠夺和其他人为因素在内的多种因素的不良影响。濒危的是指一个生物体或其物种正濒临灭绝，而受到威胁的物种是指有可能在不久的将来濒危。

濒危的海洋植物和无脊椎动物

海洋植物构筑了海洋食物链的基础，因为它们能够通过太阳能制造食物。姑且不论它们的重要性，如今就有几种海洋植物正因人类行为的影响而受到巨大的威胁。比如佛罗里达州东南海岸的一种浅水植物——约翰逊海草，整个群体正遭受着巨大的威胁。尽管大多数的水草可以同时有性繁殖和无性繁殖，但这个物种却只能进行无性繁殖。因此为了使它的根茎散布开来，水草需要一个稳定的基层来使之生长。一些对约翰逊海草的生存构成巨大威胁的人类行为，包括船只的螺旋桨、船锚的搅动、挖泥、暴风雨、淤泥等对泥土的影响，以及由于污染物的混入而使水质下降的海水的影响。还有掘出植物并摧毁其根系的行为，同样切断根茎并减少了它们进行无性繁殖的概率。

所有的海草都依赖纯净的水来提供足够的太阳光进行光合作用。人为造成的淤泥使海水更加浑浊，并且减轻了光合作用的效果。刺激了水中藻类生长的超营养作用，也同样对海藻遮蔽海草生长甚至使其窒息负有责任。海藻的繁盛使得水中的氧气含量减少而使水草窒息。

无脊椎动物象征了地球上绝大多数动物的生活。不同的大小、形状、生活方式和生活环境，使得无脊椎动物在海洋环境里随处可见。其中一种细小的珊瑚虫使热带水域中的珊瑚礁得以形成。如今全世界的珊瑚虫都陷入到了麻烦当中，承受着由污染、疾病、船只抛锚和珊瑚虫漂白所带来的巨大数量的损失。

插图C－7中展示的生长在整个佛罗里达角和加勒比海中的枝状珊瑚大概有30厘米高。这些看起来非常像柏树的枝状珊瑚，数量非常稀少而且目前濒临灭绝。大多数的珊瑚都在夜间进食，白天用来捕捉小生物和一些残余物。由水污染造成的（尤其是污水灌溉和肥料的大量使用）水藻的过度生长，以及由船只和锚造成的损害使得这些动物处于灭绝的边缘。

两种主要的珊瑚虫——麋角珊瑚和小鹿角珊瑚目前被考虑是否列为濒危物种。它们都曾经分布得十分广泛，经常是礁石中最常见的珊瑚虫。自1970年以来，它们的数量戏剧化的减少，各个分布区的数量都减少了80%—98%不等。许多曾经广泛生长珊瑚虫的地区，到了20世纪70年代时，珊瑚虫在该地区已经难见其踪。两种鲍鱼和蜗牛都被列为濒危物种。白鲍和黑鲍同样的遭到了如捕捞和拖网等方式的过度捕鱼的损害。很多推测认为，这些物种将在2010年彻底的消失。科学家们希望通过养殖一个曾捕获过度的种群来帮助那些濒危物种的恢复。

濒危的鱼类

鱼群的数量正面临着因过度捕鱼、水污染和栖息地丧失带来的巨大压力。其中一种濒危的鱼类——叶海龙，是居住在澳大利亚南海岸的一种不常见的鱼，和海马是近亲。这种鱼周身生长海藻状或水草叶般的附肢，这样它们可以完美地伪装在水草丛中生活。在澳大利亚，如同世界其他地方一样，这些小鱼们的栖息地正受到来自水污染、水营养物富集的损害。另外，叶海龙同样是许多肆无忌惮的猎奇者的猎物，他们将这种鱼卖到水族馆中，或作为一种中医药材出售。

这些小巧的鱼需要非常精确的温度和盐度生存，并且大多数在被捕获后短期内即死亡。叶海龙如今受到澳大利亚的法律保护，因为人类对这类鱼的需求使得它们濒临灭绝。

在美国，包括鲟鱼和鲑鱼在内，溯河产卵的多种鱼类已濒临灭绝。溯河产卵的鱼类并不是时刻都在海水中生活。它们在淡水中出生，然后在年轻时游到海水中去度过绝大多数的时光。成年后，它们游回淡水中去产卵。

鲟鱼，如图5.1中所示，是一种有着5排鳞片覆盖躯干的长长的原始鱼类。大多数的寿命很长，可以存活60年或更长。所有的鲟鱼都有着软骨组织、与众不同的管状嘴、肉质触须，并且口鼻处长有感观器官。

这些鱼都是在沉积物中寻找食物的底泥觅食鱼类。

许多种鲟鱼被列为濒危物种，如短吻鲟、密苏里铲鲟、高首鲟等。短吻鲟于1967年被列为濒危物种，它并不是渔业的

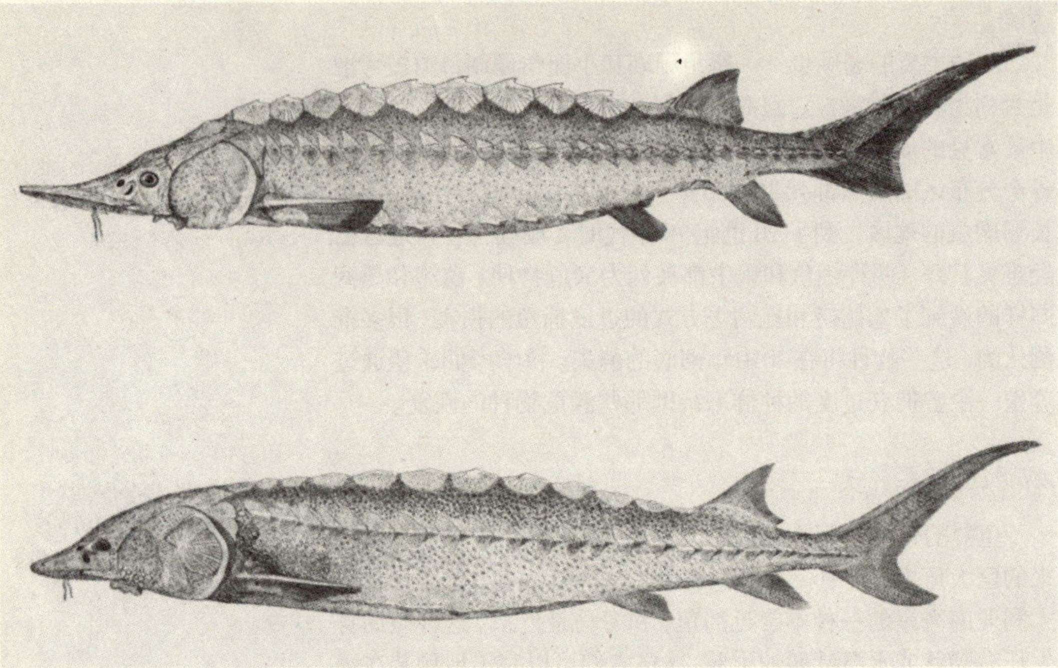

图 5.1 鲟鱼，如普通鲟鱼和短吻鲟，周身为鳞片所覆盖。（由美国国家海洋渔业局、美国国家海洋与大气管理局提供图片）

捕获目标。相反的，它们的数量自20世纪50年代起，因为经常成为捕鱼者的混获鱼种而急剧减少。另外，人为因素造成短吻鲟栖息地环境的转变，使得它们减少了产卵和育婴的数量。

佛罗里达狭地水中濒危鲟鱼的数量减少也许能帮助佛罗里达取得正在与乔治亚州进行的供水战的优势。目前乔治亚州彻特胡奇河的数个水坝正为亚特兰大和其他城市供水。而佛罗里达主张彻特胡奇河的水源应直接流向海湾，使鲟鱼的产卵点和育婴点保持完整。濒临灭绝物种保护法也许会使得这场争论以佛罗里达的胜出而告终。

鲑鱼在自然环境中的数量非常稀少，而这要归结于多个原因。捕鱼带来的压力减少了大马哈鱼繁殖的数量以及遗传的多样性。因使用化学药剂而造成的臭氧层的破坏，使得光合作用效果减弱从而影响了鲑鱼的食物供给。当鲑鱼返回产卵时，它们需要不断流动的、清澈、含氧量高的溪水。但杀虫剂污染溪流的水质，排放的污染物使得溪水里长满了水藻，在遮挡住了它们视线的同时极大地限制了适合产卵地点的数量。

曾经世界上数量最大的鲑鱼群可以在美国西北部的哥伦比亚和斯内克河水中看到。如今，生活在那里的只有12种并受到威胁和濒危的鱼群。这些特殊的鲑鱼数量的减少很大程度上是这些产卵河中的水坝造成的。水坝直接影响了鲑鱼返回溪水中产卵的行为。另外，水坝的发电机也使得水中的温度上升。

夏季来临的几个月里，斯内克河水的温度可以达到足以使成年鲑鱼致死的20℃。

这个地区其他常见的问题有低地农业的运作，以及与溪流接壤的沿海地区的管理不良从而导致溪水转向或被污染。当溪流不再受到自然植物的保护，农业工业以及用户排放的污水废水流入溪水中，从而破坏了溪水的质量。自1991年以后，共计26种鲑鱼被列为濒危物种。

在海水中渡过一生时光的鱼类同样陷入危险当中。数种海洋生物，如大西洋鳕、黑线鳕、牙鳕的数量正迅速减少。科学家们提出警告，在北海这些物种正濒临灭绝。在热带，鮨鱼也面临着同样的困境。作为一种生活在冰冷的深海礁石附近的鱼类，正在被过度捕捞而导致数量极其稀少。

许多种鲨鱼同样被评估为脆弱的濒危物种。大多数的鲨鱼都是混获的受害者，但少量种类的鲨鱼却被有目的地捕获。人们对此类食物日益加大的需求量，如英国“国吃”鱼和薯条通常以腌制的鲑鱼为主，又如中国的佳肴鱼翅，都大大削减了鲨鱼的数量。与其他处于食物链顶端的鱼类一样，鲨鱼一直以来享受着作为捕食者的待遇。在过去这些鱼类都会存活很久，而它们的生育期也很晚。因此它们的生育计划和那些哺乳动物一样。鲨鱼在晚年才达到性成熟期，且只能生育很少的后代。这种生育期使得它们很难从数量的流失中恢复过来。许多科学家认为，鲨鱼将是第一个被灭绝的鱼种。

所有鲨鱼中最驯服的是沙锥齿鲨，这种鲨鱼如今在澳大利亚和世界上其他地方正濒临灭绝。尽管知道沙锥齿鲨不攻击人类，但数十年前，这些缓慢移动的捕食者被错误的认为是一种威胁，因而被猎捕至几乎灭绝。

在20世纪70年代，猎捕沙锥齿鲨是一种极受欢迎的运动。官方相信澳大利亚的海水中只存活了300—500只沙锥齿鲨。目前世界上其他地方沙锥齿鲨的数量并未确知。

大白鲨这个被电影和小说写为凶猛杀手的鱼种，如今数量也急剧减少而被澳大利亚列为易受伤害物种。大白鲨是那些以多钩长线和渔网捕鱼的混获鱼类，每年有100—440头被捕杀。黑市上鲨鱼颚、鲨鱼齿和鱼翅的贩卖同样影响甚大。鱼翅作为鱼翅汤中的主要成分，为肆无忌惮的捕猎者带来的利益远超鲨鱼身体的其他部分。为此偷猎者经常将鲨鱼的鱼翅割掉，而将其他部分扔进海里丢弃。

姥鲨和鲸鲨，是两种世界上数量最多的鲨群，正因濒危而受到世界各地的保护。这两种鲨鱼是唯一被濒危野生动植物物种国际贸易公约认证为濒危物种的鱼类。有别于其他种类的鲨鱼，它们是以浮游生物为食的滤食性动物。姥鲨可以长到10米，而鲸鲨可以长到20米长。这些鱼群都是偷猎者的目标，因为它们长达2米的鱼翅可以为他们带来1.5万美元的收益。

小齿锯鳐鱼是鲨鱼和河豚的近亲。以长长的、扁平的、锯齿状的嘴而命名的小齿锯鳐鱼，以它们锋利的牙齿来捕食鱼类和甲壳类动物。5.5米的小齿锯鳐鱼平均存活30年之久。这种鱼类曾经遍布各淡水湖、浅滩、溪流、河岸边，从墨西哥湾到北卡罗来纳州。随着数量减少了99%之多，小齿锯鳐鱼如今只活动在佛罗里达角和大沼泽地国家公园中。小齿锯鳐鱼非常容易为渔网、多钩长线和拖网所捕获，因而成为混获鱼种。另外它们生活的海岸地区的生态系统，是遭受污染最严重的地区之一。与其他鲨鱼一样，它们有着非常缓慢的生育期和很低的生育率。

濒危的爬行类动物

没有比这些将身体藏于壳中，在海洋生活的大型爬行动物——海龟，处于更大的灭绝危机当中了。过去的过度捕猎使得它们的数量大量减少。如今幸存下来的海龟仍将面对来自人类如水污染、捕鱼和生存环境被破坏的直接致命威胁。

所有海龟的物种都被列为受威胁和濒危物种：绿海龟、玳瑁海龟、肯普氏丽龟、棱皮龟、大西洋蠵龟和太平洋丽龟。作为同一个类属，这些动物在整个生命过程中时常面临着来自自然和人类因素的威胁。海龟蛋则受到掠食者浣熊和螃蟹的威胁，它们喜欢到巢穴挖食这些蛋。而新孵化的小海龟要藏身于沙下来躲避海鸟和鱼类的捕食。只有当海龟成年后，才能免于除鲨鱼外的自然界的捕食。科学家们推测，1万只孵化龟中只有1只能活到成熟期。

所有这些妨碍海龟生存的自然威胁，比起人类造成的威胁显得微不足道。在一些文化习俗中，人们猎捕海龟以食其肉，尽管这些行为在大多数的国家里是违法的。这些龟壳，尤其是美丽的金棕色大西洋蠵龟的龟壳被用来制作珠宝。商业性的捕鱼行为，则每年杀死混获而来的数千只海龟。曾经由于捕虾网的使用，造成了美国东南海岸只一个地区一年就有5.5万只海龟的死亡。

如今捕虾网被要求安置海龟逃生器(TEDs)。一个海龟逃生器，如插图C－7下图所示，前后各开一处放生口，由条状格网所制。这个格网被放到捕虾网的入口处。大型动物如海龟和鲨鱼，便会从放生口处被排除出去。

海中排放的垃圾，尤其是塑料对海龟来说都是致命的。每年由于错将塑料袋、气球和一次性塑料杯当成水母而误食致死的海龟多达千只。塑料堵塞了它们的消化系统，使爬行类动物饥饿致死。另外海岸环境的改变对海龟造成了巨大的冲击，因为它们需要安静的沙滩来产卵。沙滩上居民房、旅店、商业建筑以及四周保护这些建筑的海堤、防护堤的建造等，都阻碍了雌海龟产卵期的产卵。从其他海岸抽调过来用以扩充沙滩规模的沙子里往往不适合海龟的产卵。外面的照明灯和街灯都会阻碍雌海龟上岸产卵，或者使孵化的小海龟在爬往海里的过程中迷失方向。水污染也造成了一种疾病的传播——牛纤维乳头瘤，从而造成了海龟的死亡。其他污染物对海藻的侵害，造成海龟最重要的食物——海藻中的含毒量增加。

濒危的鸟类

与其他海洋生物一样，鸟类遭遇的危机同样由人类造成，如污染物排放、过度捕猎、栖息地的丧失。因为海鸟的成熟期较晚，而每对海鸟一年只产一个蛋，所以它们的再生速度很慢。因此即使造成危险的行为被阻止后，鸟类的数量恢复得依然很慢。如今许多种海鸟都处于濒危状态。

所有21种信天翁都陷入危机当中，而其中6种被列为濒危动物。多钩长线的捕鱼手法对信天翁造成伤害，使得原本就很少的数量愈见稀少。外出觅食的海鸟，经常去食用铒钩和多钩长线上的鱼饵。信天翁潜水觅食到鱼钩上，使鱼钩钩到喉咙中，而被渔网拖入水中淹死。并且信天翁还食用许多浮在水面上的塑料垃圾，尤其是易被鸟类误认为是虾的红色塑料。塑料使得它们消化管道堵塞而被饿死。

曾经有数以百万计的短尾信天翁生活在北太平洋里，但如今数量仅有1 200只左右。20世纪初，在日本的主要产卵地被过度猎捕，使得它们的数量骤减。它们被迫将卵巢建在地面上，使得它们更加脆弱，数千只信天翁因为人类对其羽毛和身体其他部位的需求而被杀。到了今天栖息地的丧失，极大地减少了它们产卵的地区，使得幸存的鸟类找寻产卵区的行动变得困难重重。

过度捕猎同样敲响了鸣笛雎鸠的丧钟，原本就数量不多的它们因有食用价值被大量猎杀，到了20世纪初几乎灭绝。直到20世纪70年代中期保护措施的实施，使得数个该鸟类的主要鸟群的数量得以保存，并使得全球数量有所增长。但之后人类对该鸟类栖息地的大规模破坏，使得它们的数量再次减少。如今只有800对产卵期的鸣笛雎鸠，其中200对将巢建在了纽约。

纽厄尔海鸥，曾活跃于夏威夷群岛的鸟类，自20世纪30年代起就处于濒危状态中。如今这些鸟类只能于小型山脉地区的卵巢附近看到。夏威夷群岛人类掠夺者的入侵，使得如猫鼬、黑鼠和地面筑巢的鸟类受到威胁。此外，海鸥受到灯光的吸引，它们将灯光作为航海的工具。而新生的小鸟经常为城市灯光所迷惑，导致它们目不视物而撞到路杆和建筑物上。

褐鹈鹕，一种生活在海岸和海湾以鱼类为食的大型鸟类。它们分布广泛，从南美到北美，最多出没于墨西哥湾的东南海岸。它们在DDT和其他杀虫剂被大量喷洒以便杀死蚊子和其他害虫的50年代和60年代期间，数量大为减少。尽管现在DDT已被禁止使用，但仍然受到诸如其他杀虫剂和卵巢的丧失、被渔网混获和栖息地丧失的威胁。在插图C－8上图中，一名志愿者帮助褐鹈鹕从渔网的残骸中挣脱出来。褐鹈鹕经常选择人类作为娱乐场所的地点筑巢，而摩托艇的噪音也会干扰到它们的产卵。

濒危的哺乳动物

自石器时代以来，人类就为了海洋哺乳动物的毛皮、肉和鲸脂而猎杀它们。对海豹、海象、海狮和水獭的捕杀，从最早直到20世纪，为了商业性目的的猎捕从来没有停止过。其他哺乳动物如海牛、儒艮和海豚等，同样是这些动物活动区域中捕猎的目标。

鲸类动物如鲸鱼，是一个包括了大型物种如座头鲸和小型动物如宽吻海豚在内的一个种群。鲸类动物经常被猎捕。尽管这个种群几近灭绝，但仍被世界各地所猎捕。

在20世纪90年代猎鲸者们将他们的注意力放到了南极上，他们搭载的捕鲸船，是一个随着猎鲸行动进行，堆满鲸类动物尸体的浮动屠宰场。最初只有大型动物被猎杀，然而随着存货的下降，一些小型的幼年动物同样被猎杀。大型的猎捕行动，使得鲸类动物的数量急剧减少，直到只有极少量的鲸类存活下来，休养生息。为此最终导致捕鲸业倒闭。最后一艘捕鲸船于1924年在马里兰海岸失事，最后一家捕鲸厂在1930年代破产。

当这一切刚刚兴起的时候，捕鲸业并无节制，因此捕猎者们肆无忌惮地进行疯狂的猎捕。直到1946年国际捕鲸委员会（IWC）成立。国际捕鲸委员会最初的建立，是为了更好的管理捕鲸者的利益。随着鲸类数量的巨减，国际捕鲸委员会转变为一个保护组织，开始关注未来鲸类数量，并维持其生存状态。

在1965年，国际捕鲸委员会呼吁人们停止猎捕蓝鲸，其成员国响应了这一号召。而其他非成员国的国家依旧猎捕蓝鲸至1971年。在1972年，当美国通过了《海洋哺乳动物保护法》（MMPA）后，鲸鱼处于该法令的保护下。早期政府对海洋哺乳动物保护法的加强实施，是成立了美国国家海洋渔业局（NMFS）。

1974年国际捕鲸委员会开始保护蓝鲸、灰鲸、座头鲸和脊美鲸。当时这些物种被列为濒危物种，它们的数量处于灭绝边

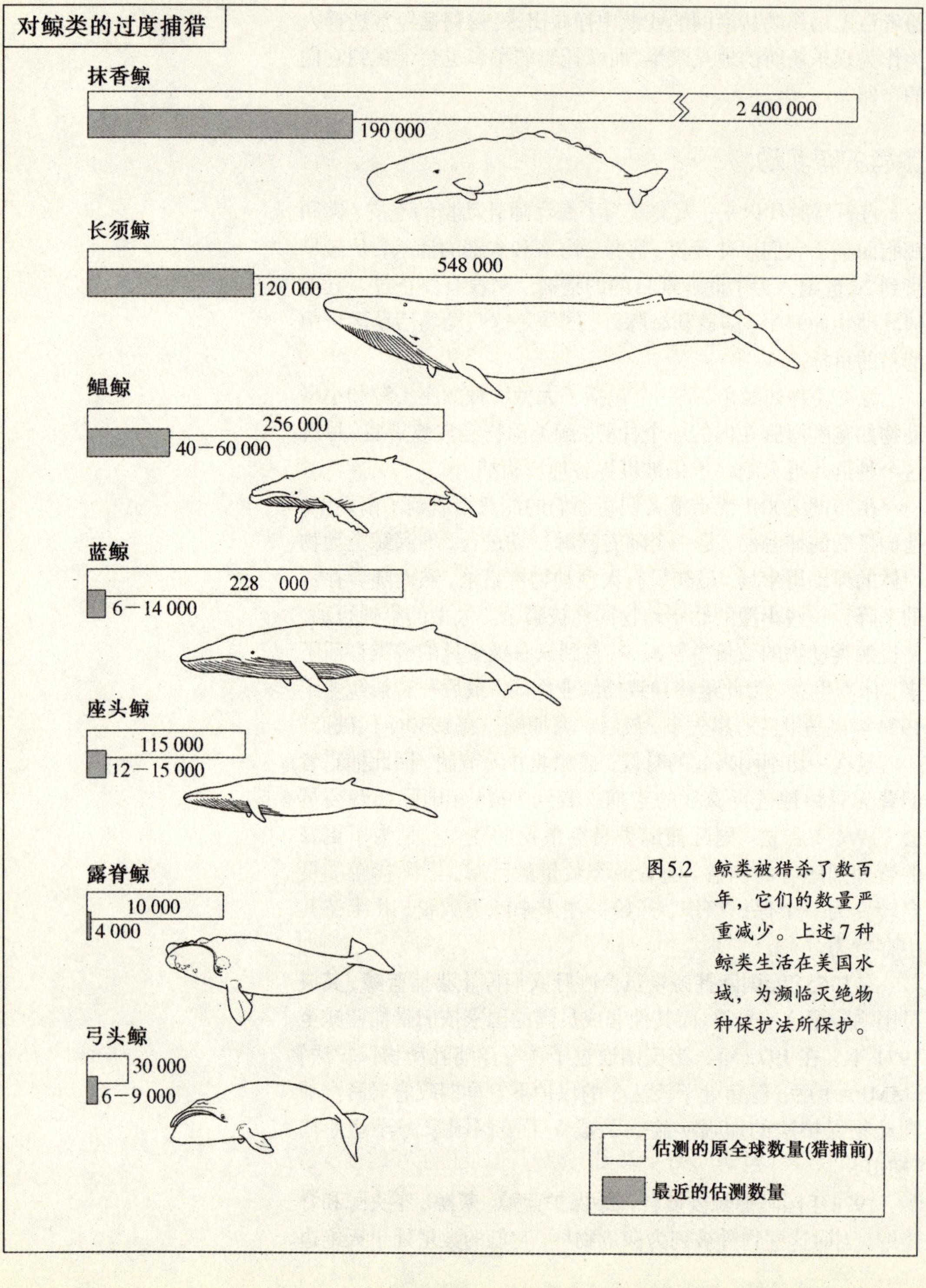

图5.2 鲸类被猎杀了数百年，它们的数量严重减少。上述7种鲸类生活在美国水域，为濒临灭绝物种保护法所保护。

缘。到1986年国际捕鲸委员会呼吁停止所有商业性的捕鲸行为。被禁止活动的国家有日本、挪威、苏联。尽管捕鲸行动最终于1988年停止，南极水域被国际捕鲸委员会于1994年划为鲸类保护区，但日本拒绝同意该协议，仍然在该处猎捕鲸鱼。如今，日本仍然猎杀鲸鱼，用其肉做成人和宠物的食物。挪威在北大西洋每年猎杀500—900只小须鲸。

如今，美国国家海洋渔业局保护着美国水域中生活的鲸鱼。图5.2列出了估测的过去全球鲸鱼数量与今日数量的对比。有些鲸鱼的数量正在恢复。灰鲸的数量得以恢复，因此它们于1994年不再被列为濒危物种。南半球的脊美鲸和北太平洋东部的蓝鲸恢复得更好。而另一方面，北半球的脊美鲸的恢复则没有那么好。与此同时在南大西洋中还没有很多的弓头鲸、蓝鲸和长须鲸。科学家们担心，对于一些鲸类来说，可能不会完全恢复过来。

对于如今的鲸类来说面临的危险并不等同于50年前，但却同样具有极大破坏性。鲸类如今被渔网的混获所威胁。因人为捕获金枪鱼而使海豚遭到混获的第一起大型鲸类混获事件发生在20世纪60年代。在美国，公众对于数以千计的鲸类死于金枪鱼混获过程中的行为的强烈谴责，以及由此导致的对金枪鱼制品的抵制，使得政府在处理这个问题时推动了捕鱼业的改革。但所有种类的鲸鱼仍然于世界各地被刺网捕获。

人们普遍认为，人为因素导致的环境的转变对鲸类产生逆影响，但数据证明这个推论很难被证实。

人们虽然并未完全了解北大西洋墨西哥湾宽吻海豚灭绝的原因，但相信与环境和水质的改变不无关系。多氯联苯（PCBs）是一组已停止生产的化学药剂，其残存于环境中的物质为人们所关注，并认为这些残存的多氯联苯会干扰鲸鱼的荷尔蒙激素和免疫系统。

鲸鱼使用回声定位来收集环境信息，因此对声音非常敏感。有迹象显示船只的噪音、军事声纳设备和地震探测仪的使用，都可能对鲸鱼造成影响。科学家们害怕这些声波可能会干扰鲸鱼们航行、动物间的交流、捕食和其他维持生存的基本活动。虽然这方面的研究很少，不过一些有趣的证据表明，这种影响取决于噪声源和鲸之间距离的远近。非常强烈、沉闷的水下声音将会造成肺部和耳部的破裂。

虽然处在海洋哺乳动物保护法和美国国家海洋渔业局的管理和保护下，但是除海象外的鳍足类仍然被猎杀以食用。一直以来鳍足类因其肉类、毛皮和用于制衣的贝壳，以及用于造油的鲸脂而遭到捕杀。在南极，海豹群一直是庞大而健康的，直到1700年，当世界上其他地方的捕鲸者和探险者踏足南极后，开始猎杀它们。在很短的时间里，超过120万只海豹被猎杀以贩卖，它们的数量遭受了毁灭性打击。19世纪和20世纪期间，海豹因其毛皮最初为渔枪射杀，稍后改为枪只。所有种类海豹的数量都处于灭绝的边缘。如今，许多地方物种数量都在恢复当中，如数量稀少的北太平洋海狮，但僧海豹仍然不能恢复元气。

海象，另一种鳍足类的动物；海牛和儒艮，我们所称为海牛目的哺乳动物；水獭，肉食性海洋哺乳动物，被另一项政府政策——美国鱼类与野生动物服务局所保护。在19世纪和20世纪间海象因象牙和毛皮被大肆猎杀，其命运与其他鳍类动物一样悲惨。到今天仍有25万头海象生活在白令海附近，但因其再生率的低下而被视为受威胁物种。

海牛目哺乳动物是一群食草类种群，主要活动于热带和亚热带地区的温水中。其中的一个成员无齿海牛在1941年是其种群中第一个被发现的物种，随后被捕鲸者大规模猎杀。到了

图5.3 海獭曾经因其厚厚的毛皮而被疯狂猎捕。如今在北太平洋，从西伯利亚到加利福尼亚中部各海岸地区的水獭的数量都在得以恢复。

海獭

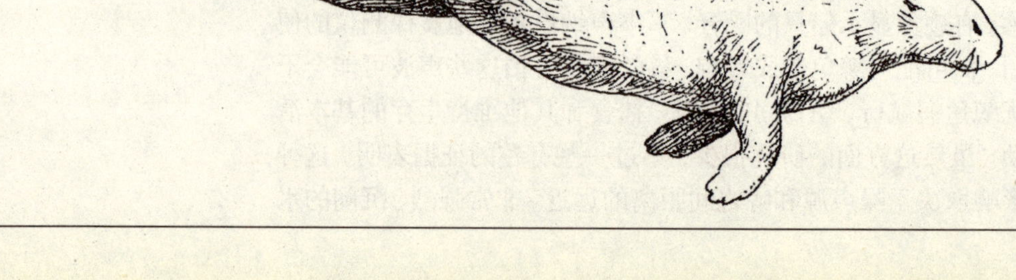

1768年，仅仅在被发现后的27年，最后一只已知的无齿海牛被杀死。无齿海牛的近亲，海牛和儒艮的遭遇要稍好些，但更多的原因可能是它们开始拥有更大、更有恢复力的数量。海牛面临的最大问题是受伤（如插图C－8下图所示），由船体螺旋桨对海牛造成的伤害。因为这些移动缓慢的动物仅仅是贴在水面下浮动，在佛罗里达水域，因螺旋桨造成海牛的伤亡是所有因素中造成伤亡数量最大的。

如图5.3中所示的水獭，是一种因其毛皮可以制成最奢侈的皮大衣而广受欢迎的海洋生物，同样的原因使得它们濒临灭绝。海獭自1780年代起就成为人们猎捕的对象。尽管这些水獭从一开始就被列为濒危物种，但它们的数量在某些地方依然稀少。

目前，从西伯利亚到加利福尼亚都有海獭活动。它们大都发现于海藻植被中，在那里有它们最喜欢的食物——海胆。其中一组生活在加利福尼亚水域的水獭，在联邦计划下恢复得很好。

今天在旧金山水域中有大约75种不同的外源种，有超过35种在华盛顿普捷湾中，28—32种在新英格兰水域中。一些少量的外源种生活在旧金山海湾，包括欧洲绿毛蟹、新西兰海蛤蝓、中华绒螯蟹和其他数种蛤、贻贝、海葵、海绵和藤壶。

外 源 种

外源种或侨居种是来自原生态环境外的一种“入侵”物种。尽管大多数的“入侵者”都不会造成什么麻烦，但仍有些会改变该地的生态环境。一个新物种对当地环境的渗透，可经数种原因造成破坏。外源种可能比原居民拥有更强的生存能力，从而占据原居民赖以生存的资源。另一方面，侨居种也可能是病原体和寄生虫，同样造成原物种数量的减少。

一个侨居种可能会被有意或无意引进到一个新的生态系统中去。如果一个海水鱼塘的主人厌倦了自己的喜好，而将这些鱼类放生到临近的河口中去的话，那么这个人就是有意的将一个新物种引入到河口中去。另一方面来说，如果一艘停泊在亚洲码头的船只携带了维持船体稳固的压载水中的生物体，并将它们带到了佛罗里达的码头上，那么这些生物体就是无意的被引入到佛罗里达的水域中去。每天有大约1万个海洋物种被承载着，从一处到达海洋的另一处，其中大多数搭乘了压载水。包括了细小浮游生物、鱼类、蜗牛、贻贝和螃蟹在内的几乎任何一种生物体都成为了一个外源种。

欧洲绿毛蟹在17世纪早期由船只引入北美东部。到了1889年这些螃蟹通过搭载船只和物资到达了西海岸。雌性欧洲绿毛蟹每年产卵20万只，因此它们在良好的环境下数量迅速增长。欧洲绿毛蟹的存在威胁到了新英格兰软壳蛤的产业，因为这些外源种食用贻贝、蛤、蠕虫、海藻等脚类动物以及藤壶和蜗牛，使原居住蟹的食物来源紧缺。

结 语

遗传多样性，自然环境中生物多种多样的生命形态，原本就是健康的生态环境中重要的组成部分。生物的多样性体现在基因、物种和生态环境三个方面上。任一方面多样性的缺失势必会对另两个方面造成影响。

在海洋生物中，许多物种一个接着一个绝迹。其中有些物种的灭绝，是由于自然环境中的复杂原因造成的，而其他的则是单单由过度捕猎造成的。仅举无齿海牛为例，是因其肉质而遭到人们的猎杀至绝种。在其他的案例中，污染物、栖息地丧失和其他如全球升温等因素一起，导致物种们对捕食者和病毒的抵抗力下降。

为了规划野生动植物的商业贸易行为，于1973年提出《濒危野生动植物种国际贸易公约》(CITES)。稍后美国国会通过了《濒临灭绝物种保护法》来阻止全球物种的灭绝。那些处于灭绝边缘的物种都被标识为濒危物种。一旦这个物种由《濒临灭绝物种保护法》列为濒危物种，它将受到该法案的保护以消除对它产生威胁的因素。

海洋生物列入濒危物种列表中的种类包括：植物、无脊椎动物、鱼类、爬行类动物、鸟类和哺乳动物。在食物链底层的物种的灭绝，如约翰逊海草，同样可以造成食物链高层生物的灭绝。在珊瑚礁中生活的麋角珊瑚和小鹿角珊瑚，这两种濒危物种，是作为复杂共生区发展的基石，同时也是美丽的海洋生态系统的建筑师。

濒危的哺乳动物是世界上最知名的动物之一。自《濒临灭绝物种保护法》提出以后，这些动物受到了国际的关注，同时许多措施的实施，也帮助了它们在数量上的恢复。感谢那些恢复计划和志愿者们的鼎力协助，使得灰鲸、海象和其他许多物种的数量如今正得以恢复。

六 海洋资源

随着人口数量的不断增加和对有限的陆地自然资源需求的缩小，科学家们开始将他们的注意力转向海洋。海洋是世界最大的资源储存库。因为水下资源的开采要远比陆地开采困难得多，所以大量水下资源如今仍然是块处女地。随着世界的关注转到了丰富的海洋资源上，生态学者们担心海洋资源的大量开采将会破坏海洋本就脆弱的生态系统。

海水中的水和盐

海洋最大的两个组成成分是盐和水，因此人们为了这些资源而转向海洋并不是毫无意义。盐或氯化钠可由海水中提炼出来，而如今海洋提供了全世界30%的盐供应。少数的、较大的海盐提供地集中在法国、波多黎各、加利福尼亚、巴哈马群岛、夏威夷和荷属安的列斯群岛。世界盐类供应的平衡，是由开采古时海水挥发后在陆地上形成的沉积物来保持的。

为了减少开销，人们尽可能的减少使用能源使海水中的盐分离出来。一个常用方法是依靠挥发效用的低能源操作。海水被引入浅水池从而使之挥发。挥发后得到的盐经过处理后卖到市场。

在寒冷的地区，海水挥发的速度是很慢的，而且当海水引入浅水池后会结冰。当海水结冰后，其中的任何一种资源，如盐，都会溶解其中。当大块的冰被移除后，剩下的盐水会被加热以驱潮。

水，对生物来说可能是世界上最重要的成分之一，同样可以从海水中分离出来。在每一个生物体和生物体所在的共生区里，干净的水供应都是必不可少的。随着人类人口的增长，溪流、河水、地下水资源的需求也随之增长。在全球水供应中只有3%是淡水，其余97%都是来自海洋。

在海水用于家庭、商业和工业前，水中的盐必须被分离出去。因盐的分离过程需要大量的能源，因而使得脱盐过程很是昂贵。目前，只有在那些没有淡水供应的地区才会建立专门的脱盐工厂。全球共有7 500个脱盐工厂，其中60%分布在中东的各城市中。美国仅占有世界脱盐工厂的12%。得克萨斯和加利福尼亚目前有脱盐工厂的运行，但也仅被设计用于制造饮用水。脱盐是一项昂贵的工程，而且脱盐水不能用于满足农业灌溉和其他非饮用水的需求。

脱盐过程的方法有很多，其中最常见的两种是蒸馏法和反渗透法（RO）。蒸馏法是最古老的脱盐技术，利用加热、挥发和浓缩等一系列工序，从而模仿了自然水循环过程。在一家脱盐工厂中，水通常处于加热状态，和燃烧酒精一起蒸馏。为了加大挥发速率并节约燃料，一些工厂采用将盐水喷洒到一种高温瞬燃的燃料上，从而使其迅速挥发的多级闪急蒸馏淡化技术。多级闪急蒸馏淡化法的使用，使沙特阿拉伯每天能生产9.465亿升淡水。目前有大约2 000家脱盐工厂使用多级闪急蒸馏淡化法来脱盐，造价约为每3.785升4美元。

在反渗透法的使用过程中，盐水通过一个隔膜来将盐分过滤出去。在反渗透处理出现前，海水必须预先使用凝结剂来将盐分凝固，而隔膜使得纯净的水通过而过滤出凝结的盐。在另一种反渗透过程中，将一个由膜制管道导入到海水中，水流进管道但盐分被排除在隔膜管道外。反渗透法可以将不需要的细菌和化学药剂如杀虫剂和抗生素等排除在外。此外，反渗透法的成本比蒸馏法更少，只有每3.785升2美元。

海水淡化的另一个缺点是操作过程中废产品浓盐水的产生，浓盐水是一种盐浓度饱和或含盐量过高的水。浓盐水的处理是脱盐工厂的问题之一。这种浓盐水既不能投入海水中去，因为它会改变海水的含盐量并破坏生态环境，又不能就地掩埋，因为它会污染地下水。目前，浓盐水都贮藏在储料囤中，但需要更好的、长远的解决方法。

海洋的药用价值

科学家们发现海洋中含有用于制造药材的许多独特化学

品。生物学家们早已知晓，一些海洋动植物在保护自己时，能产生一种化学物质使自己免受捕食者的伤害。如包括海面和扁形虫在内的一些珊瑚礁附近的居民，就会使用化学品自保。大多数的这些生物不是移动缓慢就是生长在基层,因此它们躲不开捕食者的猎捕。为了自保，它们的身体产生一种或是有毒或是有刺激味道的化学成分。而且有些动物还可以产生一层黏液，用来阻止它们体表上细菌的生长。科学家们密切关注着以这种方式自保的生物,认为它们可以通过研究成为新型药品和化学药剂。

当科学家们发现细菌生活在火山口和其他异常酷热的环境中时，他们通过实验，试图找出为什么这些生物可以在如此恶劣的环境中生存的原因。

这些嗜热生物，或喜温生物，居住在对于其他生物体致命的高温环境中。科学家们发现这些嗜热生物具有一些独特的酶。所有生物都能产生酶、蛋白质来加速体内的化学变化，但绝大多数的酶不能在高温条件下存活。对嗜热生物的研究表明，它们体内的酶可以在高温里保持完整并正常运作。

这一发现使得嗜热生物体内的酶可以用于解决一些独特的

海洋区域

与陆地接壤的海洋拥有着广阔无垠的水域。然而事实远非如此。在茫茫的水面下存在着千余种栖息地和小生境(生物居所的特定区间)，都是由不同的光照强度、水温、水中的化学成分和营养物形成的独特的生态环境。海洋中的栖息地从海底至海面随处可见。关于海层和海底地形在图 6.1 中详尽列出。

深海地区称为远洋地带，而在大陆架往上的浅水地区则称为浅海地带。在水层的最下面是海底。最上方高潮处标注的地区是潮带线。除此之外还有近海滩地带、半深海地带、深渊地带和超深渊地带。

潮带线用于区分海面中的高潮和低潮。这一地区的潮水只能在海岸线附近发现。近海滩地带是指从潮带线到大陆架的整个地区。因此近海滩地带的深度通常只有200米。大陆架开始倾斜后的部分并不属于近海滩地带的范畴。

半深海地带紧接着近海滩地带，从大陆架斜坡开始，包括陆基在内，深度大约从200—2 000米。从大陆基再往后的部分则属于两个深海地带。从陆基开始的深渊地带深度为2 000—6 000米。在那之后的超深渊地带的深度更是达到了1.1万米。

海底地形

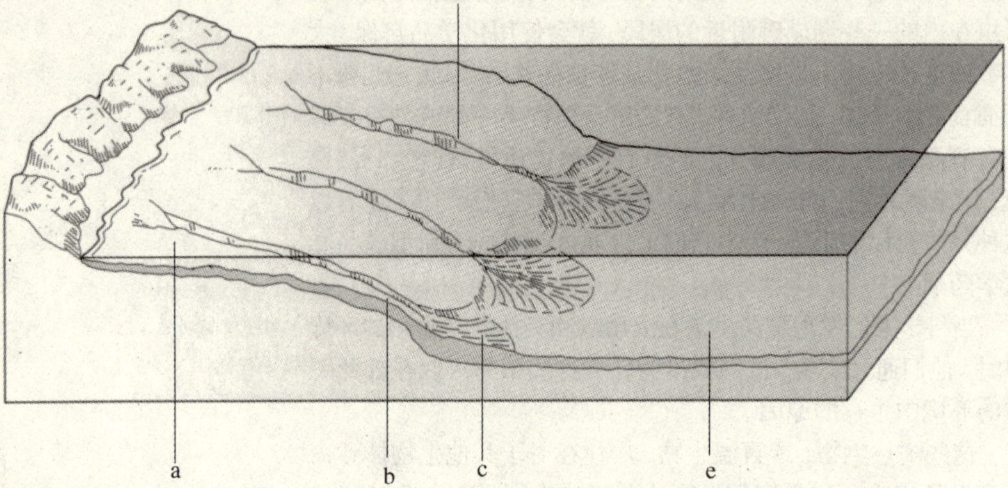

图6.1 大陆架(a)，大陆斜坡起始处向下的斜面（b），斜面下角处是陆基（c），海底峡谷（d），可以在一些大陆斜坡处发现。从陆基处向朝海处扩张的是深海平原(e)。

实验难题。例如Pfu DNA集合酶，一种嗜热细菌的产物，可以在高温条件下迅速制造上千DNA的克隆。当把集合酶放入到极小的实验样本中，在高温条件下培育，集合酶会开始繁殖DNA的样本。这些酶可以使科学家们从原来的小样本中制造出大量DNA。这种繁殖样本DNA的技术有很多用途，如用于法院实验室来帮助从少量DNA证据中指证罪犯等。

其中让科学家们探索新化学药剂的最佳地点是珊瑚礁。珊瑚礁是具有很多生物多样性的密集生物居住区。第一种由海洋资源制成的药物取自加勒比海珊瑚礁处生活的一种海绵生物。早在数十年前发现之初，这些化学成分就被用来研制阿糖胞苷，一种抗癌药物。

化学品并不是唯一取自海洋用于制药的成分；其他来自海洋的原料同样非常有用。其他珊瑚礁生物坚硬的外骨骼作为骨骼的替代品重建骨骼。滨珊瑚，一种特殊的珊瑚虫生物，因其石灰质骨骼与人类骨骼相似而被应用于外科手术中。珊瑚虫石灰质骨骼里的碳酸盐提供了一个细胞存活生长的平台。那些失去眼睛的人们同样可以用珊瑚虫的石灰质骨骼来制造眼状半球来替代。因为珊瑚虫的化学和物理结构与人类相似，因此珊瑚虫对眼球移植技术领域做出了卓越的贡献。

海洋矿物开采

海洋虽然有着丰富的资源，但不是所有的资源都可以非常经济的开采。一些在水中含量稀少的资源或在海底深处广泛分布的资源，都使得这些资源的恢复非常困难。许多情况中，很多如分布在深海热喷泉出口的矿物都难于开采。除开这些阻碍不谈，目前其他海洋矿物每年的工业产值高达50亿美元。

世界上绝大部分的镁和溴的供应来自于海洋。其中镁的商业化开采已进行了约有一个世纪之久。工业上用镁与其他金属混合以制造合金。铁合金和镁合金制成的轻重型钢材，是航天工业和器材制造业的基础材料。

溴如今没有过去应用的广泛。在过去，溴是加在汽油中的抗爆剂的主要成分。自石油供应紧张后，抗爆剂就不再被需要，但溴仍应用于制造熏剂、燃料、阻燃剂和一些药物。

从海洋中开采的矿物里，最常见的是应用于建筑中的砂和砾石。海洋矿产在建筑材料中的应用高达40%。砂和砾石是制造混凝土和水泥的重要组成成分。在美国，河床是具有商业规模的砂和砾石的主要资源点。这些矿物大都分布在美国的东北海岸。

砂和砾石可由蛤壳式挖泥机或用沙泵从海底采集上来。沙泵比蛤壳式挖泥机更受欢迎，但却使水更加的混浊。日本在开采砂和砾石的抽沙技术方面，因其对于海岸边开采的环境限制上的优势，而处于世界领先地位。砂和砾石资源的供应对于美国夏威夷，一个陆地资源极度匮乏的海岛，具有极其重要的作用。

近海岸处开采的硅砂和磷酸盐混合物，被用于工业制造。硅或工业砂是日本、新西兰、波罗的海国家玻璃制造的主要成分。氩沙可以于巴哈马群岛的浅水中由沙泵采集而来。这种材料作为农业和工业的化学成分被卖到美国和加勒比海诸岛的市场上。

磷灰石是一种含有植物所需的磷酸盐的矿物。因为这个原因，磷灰石是肥料的主要成分，是农业中的重要资源。又因为磷灰石广泛分布于大陆架，它对于第三世界来说，同样是具有潜力的资源。尤其是在磷灰石密集分布的地区，当海水上涌时会将海底的矿物带到海上层。一些上升流分布密集的地区位于美国东南、西南海岸、南美西海岸和非洲印度洋海岸附近。磷灰石在工业上也用于制造肥皂、清洁剂和爆炸物。

在一些地区的河底，大量蕴涵铁、锡、铀、铂、金和钻石等多种矿物的沉积物，在大陆架冲积砂矿床处堆积。数十年来，泰国沿海区域冲积砂矿床的锡被大量开采。锡被用来制造容器、焊料、引擎部件、空气滤洗器和汽油过滤器。金矿物堆积在阿拉斯加海岸处冲积砂矿床的沉积物中。矿工们通过使用25.4厘米的软管，吸收海底顶层部分来采集矿物质。通常在近海岸0.40千米处浅水层中的沉积物，被软管抽到岸上用以分离金和其他矿物的聚金箱中。不需要的矿物被排入水中。阿拉斯加费尔班克斯处的大学估测阿拉斯加海岸处的沉积物含有超过3百万盎司的黄金。

锰是多金属结核的要素，多金属结核是一种在海底处距海面6 000米处的不规则球体。多金属结核同时蕴含铜、钴、镍。分布在海底25%的多金属结核集中在太平洋赤道水域中。一些统计显示约有1 600万吨的多金属结核沉积在海底。虽然商业矿工没办法恢复多金属结核的储量，但他们仍在寻找办法。在美国，锰用于制造铁合金而电解锰用于干电池制造。合金锰和锰钢对温度变化十分敏感，因此用于制造温度感应开关。锰同样用于制造工业合金。

钻石，海洋中唯一的宝石矿，分布在南非沿海的沉积物中。沉积物中的钻石源自制造者非洲钻石矿的岩石中。为了采集它们，矿工们挖掘出砂和砾石后筛选沉积物挑出宝石。

深海中火山口处蕴含大量矿物的过热水流通过地壳流入海洋。在海底大约有140个活跃或近期活跃的火山口。从火山口处喷发出的水流中含有可溶性矿物和金属。许多火山只有很少的矿物储存，而其他的大型活火山则在附近的水里产生大量矿物。在TAG，位于大西洋中部和海中央的海脊处存在着拥有大量矿物的火山口。火山口附近的水域囤积着上百万吨含有丰富铜、锌、金和富金砂矿的沉积物。

近海石油与天然气

汽油和天然气使得全世界的人类可以进行运输和用电。人们通过大型的提炼厂将这些原料、原油、石油提炼成汽油、煤油和柴油。原油同样是石油化学制品业用于制造塑料、肥料和其他原油制品的基础原料。

近海石油与天然气的价值高达海洋矿物总值的90%，每年全球产值更是高达数千亿美元之多。目前上述两种资源大约1/4的供给采自于近海油井。地理学家推测海洋中石油天然气储存量约占全球总量的1/3。其中大量的石油储存在墨西哥湾和加利福尼亚、阿拉斯加的南海岸。这些近海石油与天然气大都分布在大陆架，只有少量蕴含在深海中。

石油与天然气通常产自叫做岩浆库的岩石层中，这些岩石层附近通常伴随着海底沉积物一起出现。这两种矿物燃料通常由在水底生活的软体微小的动植物的尸体形成的。当它们死后，一些海洋生物会聚集到食腐动物比较少的低氧的海底环境中。最终它们的躯体被掩埋在沉积物层底。经过无数年代的演化，泥沙降到沉积物中增加了掩埋生物体的沉积层中重量。随着时间的推移，沉积层的重量和热度也随之增长，缓慢加热着沉积层中的生物体温度。这些极强的温度和热度导致了生物体产生化学变化，转变为简单的碳氢化合物。经过数百万年的演化这些墓地变成了储存石油的岩石层。

并不是所有沉积层中被困的生物体都能变成石油。在较热条件下储藏了较长时间的生物体往往转变成了天然气。这就是为什么科学家们都在更热、更深、更古老的地壳层中寻找天然气的原因。

石油的密度不如其他沉积物大，因此它们不断地在沉积物中上浮，直到这些厚厚的流体到达了沉积物的封闭层，通常由一些如泥土等难以穿透的物质构成的沉积层，阻止了流体向更高处移动。石油可以继续困在封闭层下达百万年的时间。封存起来的石油可能像焦油层一样厚，也可能如水面一样薄，颜色也从黑色到透明色不等。

从海中钻井开采石油的开销比陆地上的要大得多。但尽管如此世界各地的大陆架附近仍然都架有油井。光在墨西哥湾和加利福尼亚沿海就约有4 000座钻探平台支持着数千的油井。

一个近海油井若能在经济条件允许下建立，则必须是个大量生产者，能钻探出大陆油井3—4倍的石油含量。为了恢复近海石油浅水区的存储量，那些低于100米的大型钻探平台都竖立起细高的钻井架。通常钻探平台都有足够的空间来提供设备运行的基础平台和全体人员的住处。在不能架设钻井架的深海中，人们使用浮动钻井平台。实际上这是一种像游艇一样的自动机器，靠巨大的绳索系在海底。在一个深水油井建好之后，浮动平台可以潜入深海使油井密封住以保护油井。这类油井中的钻井架长达2 200米。

代用能源

石油和天然气虽然是种便于使用的资源，但它们也有些非常致命的缺点。两种资源都是有限供应的不可再生资源。很有可能在未来的某一天人们将没有石油和天然气可用。这些矿物燃料的燃烧对环境造成不良影响，如导致酸雨，全球变暖现象的出现。因此科学家们积极地寻求更加纯净的资源。海洋为我们提供了4种环境因素产生的潜在能源：潮汐力、海浪能、热转化和风力。4种能源的产生都基于一个相同的原理：能源通过推动涡轮机的叶片使涡轮机发电。

潮汐力通过来自月球的重力吸引，利用潮水涨、落产生的水位差产生势能。全球最大的潮汐发电厂是1966年建立在法国圣马罗市的发电厂。这个发电厂以堰结构建造于河口处。拦河坝发电厂运行是通过水力发电实现的。通过潮涨潮落时的水位差将水压入堰中从而转动涡轮机发电。圣马罗市发电厂每年产电240兆瓦特，可供24万家用户用电。

拦河坝潮汐发电厂只有建立在潮涨潮落间水位差至少达到4.9米的水域才能正常运作。在美国的拦河坝潮汐发电厂都建在阿拉斯加和缅因州沿岸地区。为了同样使那些水位差较低的地区同样产生潮汐能，工程师们设计了不同种类的发电机。近期6个小型涡轮机运转的发电厂在纽约市东河建立。尽管每个单元仅仅能产生覆盖小片临区大约200到300千瓦的电力，但这一成果是世界上首个能提供能量的潮汐涡轮发电厂。风涡轮式发电机安装在水面下约9米处。随着河水的涨落潮，水流动推动涡轮叶片。涡轮的头部装有枢轴，使得无论水流方向如何都可以使涡轮面向水流。当这一工程完成后，人们将在海岸中安装300个涡轮发电机。

波浪是海平面中最有特色的景观。虽然水流在海面上以波浪的形式移动，但实质上传播在波浪中的是能量。水流只是简单的上下移动而已。使波浪传播的初始能量来自于多个因素，但其中最常见的是风能。其他因素包括塌方、火山喷发、海底的断层。

海中无穷无尽的海浪能可以被转变为机械能来推动涡轮叶片的转动。一些欧洲国家，尤其是英国、德国和丹麦都在海浪能的研究领域处于领先地位，目前有数十个近海工程在运作中。在美国华盛顿海岸，一个海浪能发电站正考虑被建造。

在一个海浪发电站中有两个基础设备：一个海浪能收集器和一个将海浪能转化为电能的发电机。海浪能收集器是一个建立在海岸线上倾斜的盒状容器。当海浪进入容器后，首先将空气压入顶部的压缩室中，然后通过一个通气口导入涡轮的叶片中去。当水从通气口中流出时，空气被吸入通气口中，再次拉动涡轮的叶片转动。不论空气流动的方向，涡轮被设计成为一个方向转动。潮汐和海浪能设备是基于海水流动和机械能的应用。另一种资源，海洋热能转换（OTEC），利用温暖的浅水层和冰冷的深水层之间的温度差产生温差能。海洋热能转换通常在那些上层水面储存许多太阳能的热带和亚热带地区进行。

每个海洋热能转换发电站都装有通入温度较低的深水层中的大型管道。这些管道的入口将海底的水流抽向海面。根据设计原理有两种方法使冷水产生能源：闭路循环技术和开路循环技术。

在闭路循环系统中，海水表层中的热能用来加热液体。高温使液体蒸发。这些液体都在相对较低的水中沸腾，如氨水的沸点只有 -33.9℃。当液态氨挥发为气体时，体积膨胀从而推动涡轮转动。接下来气态氨用海水冷却。冷却后重新变回液体。接下来再由温水层加热重新进行循环。

在开路循环中唯一使用的液体是海水。海面层的温水进入真空后变为气态。同上面的闭路循环系统一样，气体膨胀后同样推动涡轮转动。然后将气体冷却凝缩后再次循环。这一过程中由气体冷凝后的水被间接提纯，可以用于饮用或投回大海。

所有能源制造方案中风能是最有前途的一种。根据能源署的资料显示，风能如今是世界上增长最迅速的能源。欧洲数处风力设施的运作效果令人非常满意。近海地区连续的强风特性使得它们成为建立风力发电站最理想的地点。

潮 汐

潮汐的形成是三种力量共同作用的结果：太阳的引力、月球的引力和地球的自转运动。引力也就是万有引力，是两个物体间的吸引力或拉力。任何有质量的物体都受到万有引力作用。地球和月球都把万有引力作用到对方身上，但由于地球的质量比月球的大，所以它的引力使月球在环绕它的轨道上运行。月球之所以不会掉到地球上来，是因为物体存在惯性。惯性是运动的物体具有的保持继续运动的倾向，它的产生，与物体的稳定的运动轨道有关。

内在的万有引力和外部的惯性力都会影响地球表面，但程度不同。由于地球是圆形的，赤道比地球的两极更接近月球。因此，月球对赤道附近的引力更大。任何时候，在朝向月球的那一面上，月球的引力试图把地球拉到它身边。对此，地球上的固体部分不会有大的反应，但液体部分会。结果，在朝向月球的那一面上的海洋向着月球隆起。在离月球最远的那一面，惯性力促使海水远离月球。在地球的一面月球的拉力占主要作用，在另一面地球自身的惯性力占主要作用，这就在地球上造就了两个隆起处，即海洋的高潮区域。

这两个隆起处并不随着地球的自转而围绕着地轴旋转。取而代之的是，在地球自转的时候，它们始终保持和月球在同一条直线上。当地球自转一周或在一天内，地球上的不同部分进入或走出这两个隆起部位。

与月球相比，太阳离地球更远，尽管如此，它还是能够影响到潮汐，但影响力只有月球的一半。地球上与太阳相对着的一面有一个由太阳的引力引起的小隆起，在地球与太阳反向的另一面，也有一个由惯性力引起的小隆起。

以28天为一个周期，月球围绕着地球旋转，在这个过程中，月球、地球和太阳之间的相对位置也随着改变。在出现新月和满月这两个月相时，这三个天体非常完美地位于同一条直线上，如图6.2所示。这时，太阳和月亮的万有引力同时作用在地球上的同一个地方，从而使高潮达到了它的最高点，低潮也达到了它的最低点。这些极端情形就是众所周知的大潮，它们每两星期发生一次。

在上弦月和下弦月时，夜空里的月亮只有一半是可见的，这时，月亮、太阳、地球三个天体成一个直角三角形排列。在这样的位置上，它们的万有引力作用相反，在某种程度上，两个天体也相互抵消彼此的影响，从而使高潮位于最低点，低潮位于最高点。这种现象就是我们所知道的小潮，小潮也是两个星期发生一次。

在风力发电站中，高塔中的风力发电机装有风车状叶片。尽管目前美国没有建立近海风力发电站，但正重新考虑在马萨诸塞州鳕鱼角沿岸建立风力发电站的可能性。

开发者们打算于水面128米处建立170部风力发电机。这样一个发电厂年产电量可达160兆瓦。

小潮和大潮

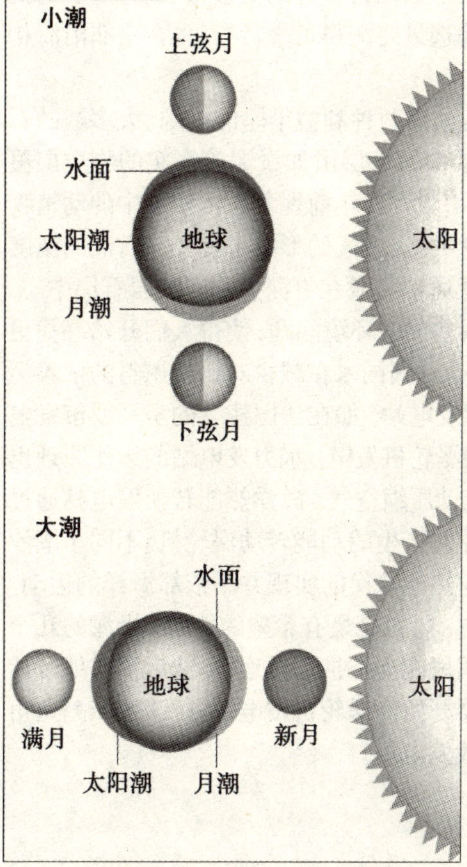

图6.2 每隔两周，太阳和月亮就会位于同一条直线上，这两个天体的引力叠加就产生了很大的潮，称为大潮。当月球和太阳相对地球成一直角时，产生了很低的潮，即为小潮。

结 语

水和盐是海水中最常见的可再生资源。在沿海地区降雨稀少的城市里，海水淡化工厂提供着重要的水资源供应。海水的淡化方式有数种，但其中最常见的两种方式为蒸馏法和反渗透法。蒸馏法是较为古老的技术，应用的原理非常类似于自然水循环。水加热从而蒸发成气体，之后收集冷凝物提纯。而在反渗透法中，盐水通过隔膜将多余的盐分、细菌和不需要的化学成分过滤出去。两种方法中反渗透法的成本最低。

一些在海洋中采集到的化学品被人们用于制药和研究。为了寻找更多的海洋中的化学品，科学家们探索着大量生物聚集的地方，如珊瑚礁等。一些目前最有前途的化学品纷纷从细菌、海绵和海洋植物中提取出来。Pfu 酶，一种生活在火山口附近的细菌生物体内的酶，因其可以提供DNA复制的基础，使得DNA可以从很小的样本中复制出大型样本。

海洋中开采出来的矿物可以用于建筑业和多种的工业用途。砂和砾石是海中开采量最大的矿物，是制造混凝土和水泥的主要成分。锰，一种沉积在海底的多金属结核中的元素，是干电池和铁合金的基本材料。多金属结核中还含有如铜、钴和镍在内的多种矿物质。

冷水层上升流大陆架附近矿物含量丰富的水中储藏着蕴含大量磷元素的磷灰石。在将来，磷矿将提供磷元素给发展中国家的农民制造用来对他们的作物施肥的肥料。

砂积矿床中蕴含着大量商业价值巨大的金属，如锡、锌、富金砂矿和高纯度的黄金和钻石。这些矿脉中供给了泰国重要的锡资源。阿拉斯加的近海的砂积矿床中蕴含了数以百万吨的黄金，人们将海底的沉积物打捞上来后经过筛选最终淘得黄金。钻石也在南非沿海相似的矿脉中开采。

石油和天然气是海洋中两种利益丰厚的资源。大多数的石油蕴藏在多孔的岩石层中，上层由如淤泥等密实的物质层覆盖。石油和天然气都是由数百万年前埋藏在沉积层中的动植物残骸演变而来的矿物燃料。天然气的形成环境要比石油的温度更热、压力更强，因此通常蕴藏在更深更陈旧的岩石层中。

因为燃烧矿物燃料造成的环境问题，使得人们开始寻找更加纯净的代用能源。数个欧洲国家在减少对矿物燃料的依赖上迈出了一大步。潮汐能发电站，如在法国建立的圣马罗市发电厂，利用潮汐能来转动涡轮机发电。水力发电站的运作原理也大致相同，利用海水流动压缩空气。海洋热能转换发电站通过加热液体挥发变成气体时产生的动能转动涡轮机。不同于潮汐能和海浪能发电，海洋热能转换的实现并不依靠海洋的运动。

在所有未来能源中，风力是最有希望的能源。沿海的几个欧洲国家已经开始利用风能支持推动器运作。然后沿海地区持续的风能就带动推动器开始使涡轮机发电。马萨诸塞州鳕鱼角的沿岸建立了这种实验发电厂。

七 未来人与海洋的互动

在过去，对于人为活动对海洋环境的破坏的认识并不深刻，人们一度认为海洋资源环境是自我修复、可再生的庞大资源库，可谓取之不尽，用之不竭。随之而来的是数个世纪不计后果的过度捕鱼，污染和栖息地破坏等行为严重的破坏了海洋生态系统的平衡，如今，最大的危机悄然而至。

现在，蕴含着大约一半的全球生物的海洋生态系统仍遭受着人类行为的破坏。此外，不断增长的人口对海洋也产生了更新的全球化威胁。海洋的环境受到因全球变暖、臭氧层空洞等多种现象造成的严重冲击。这两种问题的潜在破坏力是无穷的，如食物链的破坏、物种的缺失、海平面的改变和大面积珊瑚礁死亡。

虽然过去的破坏和现在的威胁非常巨大，但还没有山穷水尽。专家和学者们正努力研究产生危机情况的趋势，并用分析出的信息制定出改善海洋环境的未来计划。人们正在制定关于人与海洋的互动方式的明智决定。这些计划的实行效果取决于政治家、科学家、决策者和公众方面的配合。

最新新闻

由环境保护者、渔民、选举的官员、海军军官和科学家组成的美国海洋政策委员会于2004年4月公布了改善未来海洋环境基础的《美国海洋政策初步报告》。

由乔治·布什建立的委员会旨在寻求更好的海洋管理工作。经过三年不懈的努力，委员会公布了国家海洋生态未来35年的全面评估报告《21世纪海洋蓝图》。

委员会的提议非常广泛，于报告的意见建议美国政府将海洋研究的预算经费加倍（目前是每年6.5亿美金）。同时委员会督促每年追加2.46亿美金用于海洋教育事业。为了监督这些计划的实施，委员会建议国会成立一个国家海洋委员会。

报告的建议有减少环境污染，尤其是如城市街道垃圾的排放、农业灌溉的废水和牲畜的管理系统等污染源。而与之紧密配合的行动是建立一个生态系统管理形式从而减少限制污染物的产生，使海洋地区得到妥善的保护。

意识到捕鱼业的巨大价值，提供了丰富的资源并养活了数以千计的渔民和商行，委员会提出警告，如果该行业不进行重大调整并妥善规划的话，将面临鱼类资源枯竭的危机。为了解决这一难题，委员会提出了多个建议，如建立渔业管理，依据科学规划保证鱼群数量的平衡，限制使用能对栖息地造成破坏的渔具并减少混获数量，进行计划性管理。委员会指出保护鱼群数量的计划的价值早已被前人努力的成果展现出来。当被渔猎的条纹石鮨受到计划性保护后，它们大量减少的数量得以迅速的恢复。在洛杉矶沿海的污染物数量得到控制后，鱼群、植被和海鸟的数量都得以全面恢复。在对北大西洋海域中箭鱼的捕捞进行规范，并对箭鱼进行养殖后，这些一度濒危鱼种的数量得以大量恢复。

为了加强渔业管理，加大减少污染的力度和进行海洋教育计划，委员会想用通过近海石油天然气获得的利润来建立海洋政策信托基金。目前美国财政部每年从版税和其他探索和开采海洋矿物燃料类型的费用中提供了约50亿美金。委员会将大部分资金用于保护陆地和海洋的生态平衡，以及进行其他地区历史文物的保护工作。

今天和明天的展望

一旦学会和谐的与海洋共处，那么人类获得的潜在受益是无穷的。但就研究用途来说，对海洋的期望就是巨大的。目前海洋的自然环境就是许多救命药物研制的焦点所在。在海洋中生存着千百万的生物体，其中仅有数百种生物被取样成为制药的重要资源，因此科学家们认为在不久的将来随着更多海洋生物的取样，人们可以制造出能医治如疟疾、癌症和艾滋病的药物。

在新药品的寻求过程中，海洋中多种多样的生物体再次让人们大开眼界。研究员们从那些不寻常的生物体中寻找新的分子，如那些不带有外壳或防御性护甲但却能避开捕食者的动物，那些并没有寄居生物和真菌生长的植物和那些在海底生活、其他生物都远离它生长的海绵等。这些生物都很有可能是通过制造化学合成物来保护自己的。

科学家们已经有一些令人兴奋的发现。海鞘，一种生长在岩石层、码头、植物根茎处和其他基层的微型囊状无脊椎动物。抛开它们的形体不谈，这种动物比其他任何一种无脊椎动物与人类的进化形态上更加接近。美国伊利诺斯州大学的肯·林内哈特从海鞘中提取出了一种具有救生可能的化学成分。通过该化学成分研制出了一种抗瘤天然产物海鞘素743（ET 743）。

五颜六色的芋螺科海蜗牛也用于制造不同的药物。芋螺科蜗牛能产生由数十种神经毒素合成的一种不寻常的毒液。芋螺科海蜗牛的毒液会造成像电鳗那样将猎物击晕的效果，或使猎物瘫痪和昏迷。盐湖城犹他州大学的药理学家巴多梅洛·奥莉维亚发现了这种混合毒素并用它制成一种止痛新药齐可诺肽鞘内输注液。这种新药对于严重慢性疼痛的止痛效果比吗啡要好上千倍。在体内鞘内输注液似乎是通过干扰脊髓神经觉神经来控制常规传递疼痛信号的神经靶向。

美国思科里普斯海洋学院主任威廉·芬尼柯从海星近亲海羽毛中提取出一种珊瑚天然产物类松香脂素。类松香脂素可以缓解神经胀痛，并能对从日晒病到关节炎引发的炎症产生抗性。同时芬尼柯也在寻找一种从海绵中提取出来能遏制细胞分裂的抗癌化学成分和一种由海草丛中生长的生物提取的能够杀死病毒特性的化学成分。

在芬尼柯研究的基础上，密西西比大学的Mark T.Hamann博士自1993年就开始研究海绵体内的化学成分。在2001年他发现了一种利于治愈疟疾、肺结核和HIV感染的药物。这种叫做咔啉类生物碱的药物可以激发提高人体免疫系统，增强被感染的人体对病毒的抵抗力。

从海洋中提取成分制造的救生药物的潜力是令人兴奋的，也有些科学家非常热衷于深水探索。玻璃海绵中的个体纤维为研究纤维光学电缆的工程师们提供了绝妙的灵感。玻璃海绵是一种可以产生玻璃状细长的可传导光的纤维，与用于电信的光学电缆技术相似。

自然产生的纤维比人造纤维更加优秀。自然纤维制成的光缆弹性更好，甚至可以结成节，而人工合成的纤维则很容易折断。工程师们正努力寻求为什么玻璃海绵既小又有弹性的纤维可以传导光的答案。

在另一个实验室里的研究者们发现了海星的近亲——阳燧足（蛇尾海星）拥有独特的视觉系统。这种阳燧足是形态简单的无眼生物。研究显示每个阳燧足的皮肤中都嵌有多个晶状体。而通过体内遍布的晶状体来观察动作，如发现捕食者则提供警告以避开危险。研究者们希望通过以这些晶状体为样本来发展改良的防御系统。

破坏海洋生态环境的恶果不仅仅是失去原材料供应的问题：它们会逐渐将地球上的生命带入灭绝的边缘。海洋对于地球的重要性就好比人身体中的心脏。与人的躯体一样，地球仅仅是一个工作机器，机器中的每个部件都需要得到妥善的保管。在过去，错已铸成，但失败乃成功之母，我们品尝到的应不仅仅是挫败的苦涩。今天人们逐渐意识到他们日常的决策和行为都会影响整个地球。万里之行始于足下，这些认知给全世界的人们提供了一个保护海洋生态，为后代造福的契机。

推荐阅读书目

班尼斯特，基斯，安德鲁·坎贝尔，《水生生物百科全书》，Facts On File公司1985年在纽约出版发行，一本关于海洋和海洋生物的所有方面的书，写得很好，装帧也很精美。

库洛伯，戴博拉·A，《海岸博物学家》，Fireside出版社1990年在纽约出版，是一本对于刚刚开始了解海洋世界的青少年来说很不错的书。

戴维斯，理查德·A，《海洋学：海洋环境入门》，1991年由Wm·C·Brown公司在爱荷华州的杜布克市出版，帮助学生了解海洋，并且对海洋发生兴趣。

迪恩，柯妮莉亚，《和潮汐的斗争》，哥伦比亚大学出版社于1999年在纽约出版，这是一本分析人类活动和自然力量对不断变化的海岸的影响的书。

伊利斯，理查德，《海洋百科全书》，Alfred A Knopf出版公司于2000年出版，一本平实严谨而不失生动的书，以学术的水准向读者介绍了海洋动物。

加里森，汤姆，《海洋学》，沃兹渥斯出版公司1996年出版，是一本向海洋学专业的新生详细描述大海的好书。

卡里斯肯特，乔治，《海洋生物学介绍》，Brooks/Cole－汤普森出版公司1998年于加利福尼亚州的贝尔蒙特出版，介绍海洋生物、它们之间的关系和它们与居住环境之间的关系，是一本引人入胜的好书。

麦卡锡恩，斯考特和芭比·麦卡锡恩，《Fact On File海洋科学手册》，由Fact On File公司于2003年在纽约出版，内容丰富，不仅介绍了海洋环境中的物理因子和海洋生物，还介绍了目前海洋科学中重要的科学家们。

诺瓦克，罗纳德·M等，《旅行者所见的世界海洋哺乳动物》，约翰·霍普金斯大学出版社2003年在巴尔的摩出版，它是一本纵览了海洋哺乳动物的解剖特点、分类和自然史的书。

比奈，保罗·R,《让我们了解海洋学吧》, Jones and Bartlett出版公司2000年在马萨诸塞州的萨德伯里出版，内容包括潮汐和海流的产生原因与影响，同样也描写了海洋居民的进化起源。

普拉格，艾伦·J,《海洋》，麦格罗·希尔国际出版公司2000年在纽约出版，从进化的角度审视了地球上的海洋生命。

李维斯，兰道尔等，《世界海洋哺乳动物指南》，Alfred A Knopf出版公司2002年于纽约出版，有很多精美的彩色插图，是一本百科全书式的关于海洋哺乳动物的书。

瑞斯，托尼，《深海》，史密森尼博物馆出版社于2000年在华盛顿特区出版，一本关于深海生物的极具视觉冲击力的书。

斯韦德鲁普，基斯·A，艾琳·C·杜克伯瑞和埃里森·B·杜克伯瑞，《世界海洋介绍》，麦格罗·希尔国际出版公司2003年在纽约出版，一本通俗易懂的书，介绍了物理海洋的很多方面，包括海底和海洋的物理特性等。

托马斯，大卫，《海藻》，史密森尼博物馆出版社于2002年在华盛顿特区出版，这本书阐释和描述了很多种藻类，从显微镜下才能看清的藻类到巨藻，种类丰富多样。

索恩-米勒，博伊斯和约翰·G·戈特纳，《充满生命的海洋》，地球之友于1991年在华盛顿特区出版，一本关于海洋生物的生物多样性缺失的书。

华勒，杰弗里，《海洋生命：海洋环境完全指南》，史密森尼博物馆出版社于1996年在华盛顿特区出版，这本书主要描述了海洋丰富的、令人吃惊的生物多样性。

相关网站

伯德，乔纳森，海洋生物为了生存所做的适应，海洋研究组，1996，可在线浏览，网址：http://www.oceanicresearch.org/adapspt.html。文章发表时间是2004年3月19日，是对同名的科普电影的回顾和总结，那部电影描述和介绍了一些盐水中生存的海洋生物的适应机制。

布切海姆，詹森，“鱼类学快速教程”，Odyssey Expedition公司，可在线浏览，网址：http://www.marinebiology.org/fish.html。发表于2004年1月4日，详尽地介绍了鱼类的生理学。

“自然保护：为什么我们要保护珊瑚礁？”，珊瑚礁教育网，澳大利亚环境署，可在线阅读，网址：http://reef.edu.au/asp_pages/search.asp。本文发表于2004年11月18日。这个网站是一个非常好的网站，致力于保护生活在珊瑚礁里的生物和珊瑚礁的健康生存。

杜菲，J·伊梅特，“水下的城市的喧闹居民：海绵里面居住的绒毛鼓虾，迄今所知的唯一形成像蜜蜂和黄蜂那样的社群的海洋生物”，自然史，2003年12月，可在线阅读，网址：http://www.findarticle.com/cf_dls/m1134/10_111736243/print.jhtml。发表于2003年12月，这是一本可读性很强的、很吸引人的书，介绍了虾和其他动物的社会性行为。

“生长在螺类体内的真菌”，美国科学院学报，第100卷第26期（2003年12月4日），可在线阅读，网址：http://www.pnas.org/cgi/content/abstract/100/26/15643。是一篇写得很好、很有深度的文章，分析了螺类让真菌生长在它们身体里，同时还可以把真菌作为它们的食物的共生现象。

海洋河口研究所网站，可在线浏览，网址：http://www.gma.org/about_GMA/default.asp。于2004年1月2日开放，是一个易懂的而且更新很快的研究性网站，内容涵盖所有类型的海洋生物。

“生境指南：海滩和海岸线”，自然电子版，可在线阅读，网址：http://www.enature.com/habitats/show_sublifezone.asp?sublifezoneID=60#Anchor-habitat-49575。发表于2003年11月21日，它是一个面向年轻人的网站，为他们提供容易理解的关于生物、生物生境和海洋环境物理因子的科学知识。

胡珀，布莱恩·T，“气候变化在海洋中的记载：海洋有孔虫类的化石”，史密森尼自然史博物馆，1993年7月发表，可在线阅读，网址：http://www.nmnh.si.edu/paleo/marine/foraminifera.htm。简要地介绍了有孔虫的自然史。

“资料索引”，野生生命的保卫者，可在线阅读，网址：http://www.kidsplanet.org/factsheets。发表于2004年11月18日，这个优秀的网站包括了对多种海洋生物的描述，不仅适合孩子们阅读，也适合成年人阅读。

金县海洋网，可在线浏览，网址：http://www.splansh.metrokc.gov/wlr/waterres/marine/index.html。开放于2003年12月2日，一个好得令人觉得不可思议的关于海洋所有方面内容的网站，不过它着重强调海洋生物。

迈普斯，简妮弗，“联合国的科学家关于灾难性的全球变暖的警告”，国家地理新闻网，2001年2月6日发表，网址：http://news.nationalgeographic.com/news/2001/02/0206/_climatel.html。可在线阅读，依据现有资料作出的一流的关于全球变暖后果的概述。

美国国家海洋和大气管理局网站，可在线浏览，网址：http://www.noaa.gov/。一个高质量的网站，提供和海洋、海岸、大气、科研项目有关的新闻、研究报告、图表和照片。

“资源指南，初、高中教学资源：物理参数”，海洋学者教育服务联合会，可在线阅读，网址：http:// www.coast-nopp.org/toc.html。开放于2003年12月10日，是一个面向学生和教师的网站，内容包括科学知识和各种活动。

“澳大利亚的海蛇”，澳大利亚环境署珊瑚礁研究中心，可在线阅读，网址：http://www.reef.crc.org.au/discover/plantsanimals/seasnakes。发表于2004年11月18日，是一篇关于海蛇的分类、繁殖、海洋环境和保护信息的文章。

美国鱼类和野生生物保护网，可在线阅读，网址：http://www.fws.gov/，联邦环境保护委员会的网站，内容广泛，包括渔业、受威胁的生物、海洋环境和环境保护方面的新闻。

译者的话

我们非常有幸参与了《海洋生命》丛书的翻译工作。

在把《和谐的人与海洋》一书介绍给读者的过程中，作为译者，我们先于读者感受到海洋生命的宝贵和这一庞大体系的脆弱。该书使读者深入了解到地球上最大的海洋生态系统，它所蕴藏着的极为丰富的资源并不是取之不尽、用之不竭的。还使读者意识到人类社会与海洋世界唇齿相依、唇亡齿寒的关系，从而更加积极地参加到保护海洋资源的行动中去。

在此感谢刘红焰、程方平、胡煜成提供的帮助。

王子夏、顾燃

2006年3月